GW01150408

PURE MATHEMATICS

9. DETERMINANTS AND MATRICES

Second Edition

By

Anthony Nicolaides

P.A.S.S. PUBLICATIONS

Private Academic & Scientific Studies Limited

First Published in Great Britain 1994 by
Private Academic & Scientific Studies Limited

ISBN–13 978–1–872684–16–1 £9–95

SECOND EDITION 2008

Titles by the same author.

Revised and Enhanced

1. Algebra. GCE A Level ISBN–13 978–1–872684–82–6 £11–95
2. Trigonometry. GCE A Level ISBN–13 978–1–872684–87–1 £11–95
3. Complex Numbers. GCE A Level ISBN–13 978–1–872684–92–5 £9–95
4. Differential Calculus and Applications. GCE A Level ISBN–13 978–1–872684–97–0 £9–95
5. Cartesian and Polar Curve Sketching. GCE A Level ISBN–13 978–1–872684–63–5 £9–95
6. Coordinate Geometry in two Dimensions. GCE A Level ISBN–13 978–1–872684–68–0 £9–95
7. Integral Calculus and Applications. GCE A Level ISBN–13 978–1–872684–73–4 £14–95
8. Vectors in two and three dimensions. GCE A Level ISBN–13 978–1–872684–15–4 £9–95
9. Determinants and Matrices. GCE A Level ISBN–13 978–1–872684–16–1 £9–95
10. Probabilities. GCE A Level ISBN–13 978–1–872684–17–8 £8–95
    This book includes the full solutions
11. Success in Pure Mathematics: The complete works of GCE A Level. (1–9 above inclusive) ISBN–13 978–1–872684–93–2 £39–95
12. Electrical & Electronic Principles. First year Degree Level ISBN–13 978–1–872684–98–7 £16–95
13. GCSE Mathematics Higher Tier Third Edition. ISBN–13 978–1–872684–69–7 £19–95

All the books have answers and a CD is attached with FULL SOLUTIONS of all the exercises set at the end of the book.

Preface

This book, which is part of the GCE A level series in Pure Mathematics covers the specialized topic of Determinants and Matrices.

The GCE A level series success in Pure Mathematics is comprised of nine books, covering the syllabuses of most examining boards. The books are designed to assist the student wishing to master the subject of Pure Mathematics. The series is easy to follow with minimum help. It can be easily adopted by a student who wishes to study it in the comforts of his home at his pace without having to attend classes formally; it is ideal for the working person who wishes to enhance his knowledge and qualification. The Determinants and Matrices book, like all the books in the series, the theory is comprehensively dealt with, together with many worked examples and exercises. A step by step approach is adopted in all the worked examples. A CD is attached to the book with FULL SOLUTIONS of all the exercises set at the end of each chapter.

This book develops the basic concepts and skills that are essential for the GCE A level in Pure Mathematics.

FP3 is adequately covered in this book.

A. Nicolaides

9. DETERMINANTS & MATRICES

CONTENTS

1. DETERMINANTS **1**

The notation of a determinant. 1

To find the determinant of a 2×2 matrix. 1

Cramer's rule. 2

Solution of simultaneous equations with two unknowns using determinants. 3

Factorisation of determinants. 3

Exercises 1 4

2. GENERAL PROPERTIES OF DETERMINANTS AND APPLICATIONS TO EVALUATE 3 x 3 DETERMINANTS **6**

To evaluate the 3×3 determinant by expansion about any row of column. 6

To verify the effect on the sign of a determinant by row/column interchange. 9

The value of a determinant is unaltered when the rows and columns are completely interchanged. 9

If any row (or column) is added or subtracted from any other row (or column), the value of Δ is not changed. 10

To deduce that the value of the determinant is equal to zero if two rows/columns are equal. 10

To verify that the effect of extracting a common factor from a row or column. 10

The trace method in evaluating the determinant Δ. 12

Exercises 2 13

3. MATRICES **16**

The notation for a matrix. 16

Geometric representation of matrices. 17

Sum and difference of two matrices. 17

Types of matrices. 18

The product of two matrices (2×2). 20

The product of two matrices (3×3). 21

The inverse matrix. 23

Singular matrix. 26

Solution of simultaneous equations using matrices. 27

To relate matrices to simple technical problems. 30

Exercises 3 31

4. THE EIGENVALUES AND EIGENVECTORS **17**

Eigenvalues. The characteristic equation of a 2×2 matrix. 35

Eigenvectors of a 2×2 matrix. 37

To find the eigenvalues and eigenvectors of a 3×3 matrix. 38

Orthogonal matrix. 42

Exercises 4 44

5. TRANSFORMATIONS **45**

Reflections. 45

Rotations. 47

Linear transformations of the x–y plane. 49

Reduction and enlargement. 52

Stretch or shear parallel to the x-axis. 52

Stretch or shear parallel to the y-axis. 52

Transformation with a singular matrix. 52

Three dimensional transformations. 54

Systematic elimination Echelon form of a matrix. 56

Augmented matrix. 57

Inverse matrix by reduction. 57

The upper and lower triangular matrices. 58

Exercises 61

MISCELLANEOUS WITH FULL SOLUTIONS **63**

INDEX **74**

1
Determinants

The notation of a determinant. Second order determinant.

Let us first introduce the word matrix and consider a square matrix which is an array of terms called elements. The elements of a matrix are arranged in rows and columns and are usually enclosed by large parentheses or brackets.

$\begin{pmatrix} a_{11} & b_{12} \\ c_{21} & d_{22} \end{pmatrix}$ or $\begin{bmatrix} a_{11} & a_{12} \\ a_{21} & a_{22} \end{bmatrix}$, the former is preferred and is to be used throughout this book.

Let $\mathbf{A} = \begin{pmatrix} a_{11} & a_{12} \\ a_{21} & a_{22} \end{pmatrix}$ denote this matrix, there are two rows and two columns, the subscripts 11 denote that this element is in the first row (the first 1) and in the first column (the second 1), the subscripts 12 denote that this elements is in the first row and second column, the subscripts 21 denote that this element is in the second row and first column and finally the subscripts 22 denote that this element is in the second row (first 2) and second column (second 2).

The order of the matrix is a 2×2 (two by two), that is, there are two rows and two columns, the matrix is a square matrix, it has the same number of rows as columns.

The determinants of the square matrices can only be found, such as 2×2, 3×3, 4×4 and so on.

The notation of a determinant is denoted as det $\mathbf{A}$ or $\begin{bmatrix} a_{11} & a_{12} \\ a_{21} & a_{22} \end{bmatrix}$ or $|\mathbf{A}|$.

To find the determinant of a 2 × 2 matrix.

$\begin{pmatrix} a_{11} & a_{12} \\ a_{21} & a_{22} \end{pmatrix} = a_{11}a_{22} - a_{21}a_{12}$, which is a second order determinant.

Observe that we multiply the elements from the top left to the bottom right ($a_{11}\, a_{22}$) and subtract the product from left bottom to the top right ($a_{21}\, a_{12}$).

WORKED EXAMPLE 1

Find the value of $\begin{vmatrix} 1 & 2 \\ 3 & 4 \end{vmatrix}$.

Solution 1

$\begin{vmatrix} 1 & 2 \\ 3 & 4 \end{vmatrix} = 1 \times 4 - 3 \times 2 = 4 - 6 = -2.$ ✓

WORKED EXAMPLE 2

Find the determinants of the following matrices:

(i) $\begin{pmatrix} x+1 & 1-y \\ 1+y & x-1 \end{pmatrix}$

(ii) $\begin{pmatrix} 1 & -4 \\ 2 & 1 \end{pmatrix}$

(iii) $\begin{pmatrix} 6 & 8 \\ 5 & 7 \end{pmatrix}$.

Solution 2

(i) $\begin{vmatrix} x+1 & 1-y \\ 1+y & x-1 \end{vmatrix} = (x+1)(x-1)$
$\qquad -(1+y)(1-y)$
$\qquad = (x^2 - 1) - (1 - y^2)$
$\qquad = x^2 + y^2 - 2$ ✓

(ii) $\begin{vmatrix} 1 & -4 \\ 2 & 1 \end{vmatrix} = 1 \times 1 - (2)(-4) = 1 + 8 = 9$ ✓

1

(iii) $\begin{vmatrix} 6 & 8 \\ 5 & 7 \end{vmatrix} = 6 \times 7 - 5 \times 8 = 42 - 40 = 2.$

Worked Example 3

Find the values of

(i) $\det \begin{pmatrix} 4 & -4 \\ 2 & 2 \end{pmatrix}$

(ii) $\det \begin{pmatrix} 1 & 3 \\ 2 & 4 \end{pmatrix}$

(iii) $\begin{vmatrix} 5 & -4 \\ -1 & -3 \end{vmatrix}$.

Solution 3

(i) $\det \begin{pmatrix} 4 & -4 \\ 2 & 2 \end{pmatrix} = 4 \times 2 - (2)(-4)$
$= 8 + 8 = 16$

(ii) $\det \begin{pmatrix} 1 & 3 \\ 2 & 4 \end{pmatrix} = 1 \times 4 - 2 \times 3$
$= 4 - 6 = -2$

(iii) $\begin{vmatrix} 5 & -4 \\ -1 & -3 \end{vmatrix} = 5(-3) - (-1)(-4)$
$= -15 - 4 = -19.$

Cramer's Rule

$$a_{11}x + a_{12}y = c_1 \qquad \ldots(1)$$

$$a_{21}x + a_{22}y = c_2 \qquad \ldots(2)$$

Multiply equation (1) by $-a_{21}$ and equation (2) by a_{11} and add, we have

$$-a_{11}a_{21}x - a_{12}a_{21}y = -c_1a_{21} \qquad \ldots(3)$$

$$a_{11}a_{21}x + a_{11}a_{22}y = c_2a_{11} \qquad \ldots(4)$$

add (3) and (4) in order to eliminate x

$$(a_{11}a_{22} - a_{12}a_{21})\, y = c_2a_{11} - c_1a_{21}$$

$$y = \frac{c_2a_{11} - c_1a_{21}}{a_{11}a_{22} - a_{12}a_{21}} \qquad \ldots(5)$$

Writing down the coefficients of the equations (1) and (2) down by bringing c_1 and c_2 to the left of the equations

$$\begin{matrix} a_{11} & a_{12} & -c_1 \\ a_{21} & a_{22} & -c_2 \end{matrix}$$

Δ_1 is achieved by deleting the first column, so the determinant

$$\Delta_1 = \begin{vmatrix} a_{12} & -c_1 \\ a_{22} & -c_2 \end{vmatrix}$$
$$= -a_{12}c_2 + a_{22}c_1$$
$$= -(a_{12}c_2 - a_{22}c_1)$$

$$\Delta_2 = \begin{pmatrix} a_{11} & -c_1 \\ a_{21} & -c_2 \end{pmatrix}$$
$$= -a_{11}c_2 + a_{21}c_1$$
$$= -(a_{11}c_2 - a_{21}c_1)$$

$\Delta_2 = -(a_{11}c_2 - a_{21}c_1)$ or $a_{11}c_2 - a_{21}c_1 = -\Delta_2$.

Δ is achieved by deleting the third column, so the determinant

$$\Delta = \begin{pmatrix} a_{11} & a_{12} \\ a_{21} & a_{22} \end{pmatrix} = a_{11}a_{22} - a_{21}a_{12}.$$

Equation (5) can be written

$$\boxed{y = -\frac{\Delta_2}{\Delta}}$$

Eliminate y from equations (1) and (2) by multiplying (1) by $-a_{22}$ and (2) by a_{12}

$$-a_{11}a_{22}x - a_{12}a_{22}y = -a_{22}c_1 \qquad \ldots(6)$$

$$a_{12}a_{21}x + a_{12}a_{22}y = a_{12}c_2 \qquad \ldots(7)$$

Adding equations (6) and (7)

$$a_{12}a_{21}x - a_{11}a_{22}x = a_{12}c_2 - a_{22}c_1$$

$$x\,(a_{12}a_{21} - a_{11}a_{22}) = a_{12}c_2 - a_{22}c_1$$

$$x = \frac{a_{12}c_2 - a_{22}c_1}{a_{12}a_{21} - a_{11}a_{22}} \qquad \ldots(8)$$

Equation (8) can be written

$$x = \frac{-\Delta_1}{-\Delta} = \frac{\Delta_1}{\Delta}.$$

Cramer's Rule can now be written

$$\boxed{\frac{x}{\Delta_1} = -\frac{y}{\Delta_2} = \frac{1}{\Delta}}$$

This can be extended as

$$\frac{x}{\Delta_1} = -\frac{y}{\Delta_2} = \frac{z}{\Delta_3} = -\frac{1}{\Delta}$$

for three unknown and for n unknowns

$$\frac{x}{\Delta_1} = -\frac{y}{\Delta_2} = -\frac{z}{\Delta_3} = \ldots = \frac{(-1)^n}{\Delta}.$$

Solution of simultaneous equations with two unknowns using determinants.

$$a_{11}x + a_{12}y = c_1 \qquad \ldots(1)$$

$$a_{21}x + a_{22}y = c_2 \qquad \ldots(2)$$

Equations (1) and (2) can be re-written

$$a_{11}x + a_{12}y - c_1 = 0$$

$$a_{21}x + a_{22}y - c_2 = 0.$$

Let Δ_1, Δ_2, and Δ be the following determinants:

$$\Delta_1 = \begin{vmatrix} a_{12} & -c_1 \\ a_{22} & -c_2 \end{vmatrix}$$

$$\Delta_2 = \begin{vmatrix} a_{11} & -c_1 \\ a_{21} & -c_2 \end{vmatrix}$$

$$\Delta = \begin{vmatrix} a_{11} & a_{12} \\ a_{21} & a_{22} \end{vmatrix}.$$

According to Cramer's rule

$$\frac{x}{\Delta_1} = -\frac{y}{\Delta_2} = \frac{1}{\Delta}$$

hence $x = \dfrac{\Delta_1}{\Delta}$, $y = -\dfrac{\Delta_2}{\Delta}$.

Worked Example 4

Solve the simultaneous equations using Cramer's rules:

$$3x - 5y = -7 \qquad \ldots(1)$$

$$x + 4y = 9 \qquad \ldots(2)$$

Solution 4

Re-writing equation (1) and (2)

$$3x - 5y + 7 = 0$$

$$x + 4y - 9 = 0$$

$$\Delta_1 = \begin{vmatrix} -5 & 7 \\ 4 & -9 \end{vmatrix}$$

$$\Delta_2 = \begin{vmatrix} 3 & 7 \\ 1 & -9 \end{vmatrix}$$

$$\Delta = \begin{vmatrix} 3 & -5 \\ 1 & 4 \end{vmatrix}.$$

Observe that we delete the first column, for Δ_1, we delete the second column, for Δ_2 and delete the constant column, for Δ.

$$\Delta_1 = (-5)(-9) - 4(7) = 45 - 28 = 17$$

$$\Delta_2 = 3(-9) - 1(7) = -27 - 7 = -34$$

$$\Delta = 3(4) - (1)(-5) = 12 + 5 = 17$$

$$x = \frac{\Delta_1}{\Delta} = \frac{17}{17} = 1 \qquad \boxed{x = 1}$$

$$y = -\frac{\Delta_2}{\Delta} = \frac{-(-34)}{17} = 2 \qquad \boxed{y = 2}$$

Worked Example 5

Solve the linear equations simultaneously using determinants.

$$5x - 7y = 46$$

$$3x + 4y = 3.$$

Solution 5

$$\Delta_1 = \begin{vmatrix} -7 & -46 \\ 4 & -3 \end{vmatrix} = (-7)(-3) - 4(-46)$$
$$= 21 + 184 = 205$$

$$\Delta_2 = \begin{vmatrix} 5 & -46 \\ 3 & -3 \end{vmatrix} = 5(-3) - 3(-46)$$
$$= -15 + 138 = 123$$

$$\Delta = \begin{vmatrix} 5 & -7 \\ 3 & 4 \end{vmatrix} = 5(4) - 3(-7) = 20 + 21 = 41$$

$$x = \frac{\Delta_1}{\Delta} = \frac{205}{41} = 5 \qquad \boxed{x = 5}$$

$$y = -\frac{\Delta_2}{\Delta} = -\frac{123}{41} = -3 \qquad \boxed{y = -3}$$

Factorisation of determinants.

Worked Example 6

Factorise

(i) $\begin{vmatrix} a^2 & 1 \\ a & 1 \end{vmatrix}$

(ii) $\begin{vmatrix} 4 & 1 \\ 12 & 1 \end{vmatrix}$ and hence evaluate.

Solution 6

(i) $\begin{vmatrix} a^2 & 1 \\ a & 1 \end{vmatrix} = a\begin{vmatrix} a & 1 \\ 1 & 1 \end{vmatrix} = a(a-1).$

(ii) $\begin{vmatrix} 4 & 1 \\ 12 & 1 \end{vmatrix} = 4\begin{vmatrix} 1 & 1 \\ 3 & 1 \end{vmatrix}$

$= 4(1-3) = -8.$

WORKED EXAMPLE 7

Factorise

(i) $\begin{vmatrix} 2x & 2 \\ 8x^2 & 4 \end{vmatrix}$

(ii) $\begin{vmatrix} ab & x^2 \\ ab^2 & 2x \end{vmatrix}$.

Solution 7

(i) $\begin{vmatrix} 2x & 2 \\ 8x^2 & 4 \end{vmatrix} = 2x\begin{vmatrix} 1 & 2 \\ 4x & 4 \end{vmatrix}$

$= 4x\begin{vmatrix} 1 & 1 \\ 4x & 2 \end{vmatrix} = 4x(2-4x).$

(ii) $\begin{vmatrix} ab & x^2 \\ ab^2 & 2x \end{vmatrix} = abx\begin{vmatrix} 1 & x \\ b & 2 \end{vmatrix}$

$= abx(2-bx).$

Exercises 1

1. Evaluate $\begin{vmatrix} 2 & 4 \\ 1 & -3 \end{vmatrix}$.

2. Write $ab - cd$ as a second order determinant.

3. Solve the simultaneous equations:

$$3x - 4y = 5$$
$$-2x + y = 3$$

(i) algebraically, by elimination and substitution method

(ii) by determinants.

4. Solve the simultaneous equations:

$$2x + 3y = -7$$
$$x - 5y = -15$$

(i) by determinants

(ii) by an algebraic method.

5. Solve the simultaneous equations

$$5x + 4y + 2 = 0$$
$$2x - 3y - 13 = 0$$

by using Cramer's rule.

6. Evaluate the determinants:

(i) $\begin{vmatrix} -1 & -1 \\ -1 & -1 \end{vmatrix}$

(ii) $\begin{vmatrix} 4 & 3 \\ 2 & 1 \end{vmatrix}$.

7. Factorise $\begin{vmatrix} a & 1 \\ a^2 & 1 \end{vmatrix}$.

8. Evaluate the determinants

(i) $\begin{vmatrix} a & b \\ a^2 & b^2 \end{vmatrix}$

(ii) $\begin{vmatrix} 1 & 3 \\ 2 & 4 \end{vmatrix}$

(iii) $\begin{vmatrix} a & 3 \\ 4 & a \end{vmatrix}$.

9. Use Cramer's Rule to solve the following systems of equations:

(i) $2x + 5y = 16$
$3x - 2y = -14$

(ii) $5x - 3y = 25$
$10x - 6y = 50.$

10. Use Cramer's Rule to solve the following systems of equations:

(i) $\frac{3}{x} - \frac{1}{y} = 9$
$\frac{4}{x} + \frac{3}{y} = 77$

(ii) $\frac{1}{x} + \frac{1}{y} = 15$
$\frac{3}{x} - \frac{7}{y} = -35.$

11. $a_{11}x + a_{12}y = c_1$
$a_{21}x + a_{22}y = c_2$

Use the substitution and/or the elimination methods to show that

$$x = \frac{\Delta_1}{\Delta} \text{ and } y = -\frac{\Delta_2}{\Delta}$$

where

$$\Delta_1 = \begin{vmatrix} a_{12} & -c_1 \\ a_{22} & -c_2 \end{vmatrix},$$

$$\Delta_2 = \begin{vmatrix} a_{11} & -c_1 \\ a_{21} & -c_2 \end{vmatrix}$$

and

$$\Delta = \begin{vmatrix} a_{11} & a_{12} \\ a_{21} & a_{22} \end{vmatrix}.$$

12. Find the value

(i) $\begin{vmatrix} 3 & 1 \\ 50 & -15 \end{vmatrix}$

(ii) $\begin{vmatrix} -2 & 5 \\ 10 & -3 \end{vmatrix}$

(iii) $\begin{vmatrix} 7 & 9 \\ 3 & 6 \end{vmatrix}.$

13. Find the value of x.

(i) $\begin{vmatrix} 1 & 3 \\ 5 & x \end{vmatrix} = -18$

(ii) $\begin{vmatrix} x & 3 \\ -15 & 25 \end{vmatrix} = 60.$

14. $25x - 7y = 60$

$-5x + 37y = -190$

Find the values of x and y, using Cramer's rule.

2

The general properties of determinants and their applications to evaluate 3 x 3 determinants, or a third order determinant

Evaluate the 3 x 3 determinant by expansion about any row or column.

Consider the following three equations

$$a_{11}x + a_{12}y + a_{13}z = c_1$$

$$a_{21}x + a_{22}y + a_{23}z = c_2$$

$$a_{31}x + a_{32}y + a_{33}z = c_3$$

Where x, y, z are three unknowns. Note that the subscripts of the coefficients of x, y and z denote the position of the rows and columns.

a_{11} denotes the first row and first column

a_{12} denotes the first row and second column

a_{13} denotes the first row and third column

$\vdots$

a_{33} denotes the third row and third column

$$\text{Let } \Delta = \begin{vmatrix} a_{11} & a_{12} & a_{13} \\ a_{21} & a_{22} & a_{23} \\ a_{31} & a_{32} & a_{33} \end{vmatrix}$$

Expanding about the first row.

$$\Delta = a_{11}\begin{vmatrix} a_{22} & a_{23} \\ a_{32} & a_{33} \end{vmatrix} - a_{12}\begin{vmatrix} a_{21} & a_{23} \\ a_{31} & a_{33} \end{vmatrix} + a_{13}\begin{vmatrix} a_{21} & a_{22} \\ a_{31} & a_{32} \end{vmatrix}$$

The minor of a_{11} is $\begin{vmatrix} a_{22} & a_{23} \\ a_{32} & a_{33} \end{vmatrix}$ this is obtained by deleting the row in which a_{11} occurs and by deleting the column in which a_{11} occurs.

The minor of a_{12} is $\begin{vmatrix} a_{21} & a_{23} \\ a_{31} & a_{33} \end{vmatrix}$ this is obtained by deleting the first row and second column.

The minor of a_{13} is $\begin{vmatrix} a_{21} & a_{22} \\ a_{31} & a_{32} \end{vmatrix}$ this is obtained by deleting the first row and third column.

The co-factors are the minors with alternative signs

$$\begin{matrix} + & - & + \\ - & + & - \\ + & - & + \end{matrix}$$

It is best to consider numbers rather than letters.

WORKED EXAMPLE 8

Find the determinant $\Delta = \begin{vmatrix} 1 & -2 & 3 \\ -2 & 3 & 4 \\ 1 & -1 & -2 \end{vmatrix}$

(i) by expanding about any row

(ii) by expanding about any column.

Solution 8

(i) (a) Expanding about the first row

$$\Delta = 1\begin{vmatrix} 3 & 4 \\ -1 & -2 \end{vmatrix} - (-2)\begin{vmatrix} -2 & 4 \\ 1 & -2 \end{vmatrix}$$

$$+3\begin{vmatrix} -2 & 3 \\ 1 & -1 \end{vmatrix}$$

$$= 1[3(-2) - (-1)(4)]$$

$$- (-2)[(-2)(-2) - (1)(4)]$$

$$+ 3[(-2)(-1) - (3)(1)]$$

$$= -6 + 4 + 2(4 - 4) + 3(2 - 3)$$

$$= -2 - 3 = -5$$

(b) Expanding about the second row.

$$\Delta = \begin{vmatrix} 1 & -2 & 3 \\ -2 & 3 & 4 \\ 1 & -1 & -2 \end{vmatrix}$$

$$= (-)(-2)\begin{vmatrix} -2 & 3 \\ -1 & -2 \end{vmatrix}$$

$$+3\begin{vmatrix} 1 & 3 \\ 1 & -2 \end{vmatrix} - 4\begin{vmatrix} 1 & -2 \\ 1 & -1 \end{vmatrix}$$

$$= 2(4 + 3) + 3(-2 - 3) - 4(-1 + 2)$$

$$= 14 - 15 - 4 = -5.$$

(c) Expanding about the third row

$$\Delta = 1\begin{vmatrix} -2 & 3 \\ 3 & 4 \end{vmatrix} + \begin{vmatrix} 1 & 3 \\ -2 & 4 \end{vmatrix}$$

$$-2\begin{vmatrix} 1 & -2 \\ -2 & 3 \end{vmatrix}$$

$$= -8 - 9 + 4 + 6 - 2(3 - 4)$$

$$= -17 + 10 + 2 = -5.$$

(ii) (a) Expanding about the first column

$$\Delta = 1\begin{vmatrix} 3 & 4 \\ -1 & -2 \end{vmatrix} + 2\begin{vmatrix} -2 & 3 \\ -1 & -2 \end{vmatrix}$$

$$+1\begin{vmatrix} -2 & 3 \\ 3 & 4 \end{vmatrix}$$

$$= -6 + 4 + 2(4 + 3) + 1(-8 - 9)$$

$$= -2 + 14 - 17 = -5.$$

(b) Expanding about the second column

$$\Delta = (-)(-2)\begin{vmatrix} -2 & 4 \\ 1 & -2 \end{vmatrix} + 3\begin{vmatrix} 1 & 3 \\ 1 & -2 \end{vmatrix}$$

$$+ (-1)(-1)\begin{vmatrix} 1 & 3 \\ -2 & 4 \end{vmatrix}$$

$$= 2(4 - 4) + 3(-2 - 3) + (4 + 6)$$

$$= -15 + 10 = -5.$$

(c) Expanding about the third column

$$\Delta = 3\begin{vmatrix} -2 & 3 \\ 1 & -1 \end{vmatrix} - 4\begin{vmatrix} 1 & -2 \\ 1 & -1 \end{vmatrix}$$

$$+ (-2)\begin{vmatrix} 1 & -2 \\ -2 & 3 \end{vmatrix}$$

$$= 3(2 - 3) - 4(-1 + 2) - 2(3 - 4)$$

$$= -3 - 4 + 2 = -5.$$

It is seen clearly that by expanding about any row or any column the result is the same.

WORKED EXAMPLE 9

Find the determinants

(a) $\begin{vmatrix} 2 & 1 & -3 \\ 1 & -2 & 1 \\ 2 & 1 & -1 \end{vmatrix}$

(b) $\begin{vmatrix} 4 & -1 & 5 \\ 5 & 7 & -3 \\ 3 & 4 & 1 \end{vmatrix}$

(c) $\begin{vmatrix} 1 & -1 & 2 \\ 4 & 1 & 1 \\ 5 & -1 & 8 \end{vmatrix}$

(i) by expanding about any one row

(ii) by expanding about any one column.

Solution 9

(a) (i) Expanding about the first row.

$$\Delta = \begin{vmatrix} 2 & 1 & -3 \\ 1 & -2 & 1 \\ 2 & 1 & -1 \end{vmatrix}$$

$$= 2\begin{vmatrix} -2 & 1 \\ 1 & -1 \end{vmatrix} - 1\begin{vmatrix} 1 & 1 \\ 2 & -1 \end{vmatrix} - 3\begin{vmatrix} 1 & -2 \\ 2 & 1 \end{vmatrix}$$

$$= 2(2 - 1) - 1(-1 - 2) - 3(1 + 4)$$

$$= 2 + 3 - 15 = -10.$$

(ii) Expanding about the first column

$$\Delta = \begin{vmatrix} 2 & 1 & -3 \\ 1 & -2 & 1 \\ 2 & 1 & -1 \end{vmatrix}$$

$$= 2\begin{vmatrix} -2 & 1 \\ 1 & -1 \end{vmatrix} - 1\begin{vmatrix} 1 & -3 \\ 1 & -1 \end{vmatrix}$$

$$+ 2\begin{vmatrix} 1 & -3 \\ -2 & 1 \end{vmatrix}$$

$$= 2(2-1) - 1(-1+3) + 2(1-6)$$

$$= 2 - 2 - 10 = -10.$$

(b) (i) Expanding about the second row.

$$\Delta = \begin{vmatrix} 4 & -1 & 5 \\ 5 & 7 & -3 \\ 3 & 4 & 1 \end{vmatrix}$$

$$= -5\begin{vmatrix} -1 & 5 \\ 4 & 1 \end{vmatrix} + 7\begin{vmatrix} 4 & 5 \\ 3 & 1 \end{vmatrix}$$

$$+ 3\begin{vmatrix} 4 & -1 \\ 3 & 4 \end{vmatrix}$$

$$= -5(-1-20) + 7(4-15)$$

$$+ 3(16+3)$$

$$= 105 - 77 + 57 = 85.$$

(ii) Expanding about the second column

$$\Delta = \begin{vmatrix} 4 & -1 & 5 \\ 5 & 7 & -3 \\ 3 & 4 & 1 \end{vmatrix} = 1\begin{vmatrix} 5 & -3 \\ 3 & 1 \end{vmatrix}$$

$$+ 7\begin{vmatrix} 4 & 5 \\ 3 & 1 \end{vmatrix} - 4\begin{vmatrix} 4 & 5 \\ 5 & -3 \end{vmatrix}$$

$$= (5+9) + 7(4-15) - 4(-12-25)$$

$$= 14 - 77 + 148 = 85.$$

(c) (i) Expanding about the third row.

$$\Delta = \begin{vmatrix} 1 & -1 & 2 \\ 4 & 1 & 1 \\ 5 & -1 & 8 \end{vmatrix}$$

$$= 5\begin{vmatrix} -1 & 2 \\ 1 & 1 \end{vmatrix} + \begin{vmatrix} 1 & 2 \\ 4 & 1 \end{vmatrix} + 8\begin{vmatrix} 1 & -1 \\ 4 & 1 \end{vmatrix}$$

$$= 5(-1-2) + (1-8) + 8(1+4)$$

$$= -15 - 7 + 40 = 18$$

(ii) Expanding about the third column

$$\Delta = \begin{vmatrix} 1 & -1 & 2 \\ 4 & 1 & 1 \\ 5 & -1 & 8 \end{vmatrix}$$

$$= 2\begin{vmatrix} 4 & 1 \\ 5 & -1 \end{vmatrix} - \begin{vmatrix} 1 & -1 \\ 5 & -1 \end{vmatrix} + 8\begin{vmatrix} 1 & -1 \\ 4 & 1 \end{vmatrix}$$

$$= 2(-4-5) - (-1+5) + 8(1+4)$$

$$= -18 - 4 + 40 = 18.$$

WORKED EXAMPLE 10

Expand the third order determinant about each row and about each column and confirm that the answer is the same in all cases.

$$D = \begin{vmatrix} 2 & -1 & 1 \\ -1 & 2 & -1 \\ 0 & 3 & 4 \end{vmatrix}.$$

Solution 10

Expanding D about the first row

$$D = 2\begin{vmatrix} 2 & -1 \\ 3 & 4 \end{vmatrix} - (-1)\begin{vmatrix} -1 & -1 \\ 0 & 4 \end{vmatrix}$$

$$+ 1\begin{vmatrix} -1 & 2 \\ 0 & 3 \end{vmatrix}$$

$$= 2(2 \times 4 - (3)(-1)) + 1((-1)4 - 0(-1))$$

$$+ ((-1)3 - (0)(2))$$

$$= 22 - 4 - 3 = 15.$$

Expanding D about the second row

$$D = -(-1)[(-1)4 - 3 \times 1] + 2[2 \times 4 - 0 \times 1]$$

$$- (-1)[2 \times 3 - 0(-1)]$$

$$= -7 + 16 + 6 = 15.$$

Expanding D about the third row

$$D = 0[(-1)(-1) - 2 \times 1] - 3[2(-1) - (-1)1]$$

$$+ 4[2 \times 2 - (-1)(-1)]$$

$$D = 3 + 12 = 15.$$

Expanding D about the first column

$$D = 2[2 \times 4 - 3(-1)] + [(-1) \times 4 - 3 \times 1]$$

$$+0[(-1)(-1) - 2]$$

$$D = 22 - 7 = 15.$$

Expanding D about the second column

$$D = +1[(-1)4 - 0(-1)] + 2[2 \times 4 - 0 \times 1]$$
$$-3[2(-1) + 1]$$
$$D = -4 + 16 + 3 = 15.$$

Expanding D about the third column

$$D = 1[(-1)3 - 0 \times 2] + 1[2 \times 3 - 0(-1)]$$
$$+4[2 \times 2 - (-1)(-1)]$$
$$D = -3 + 6 + 12 = 15.$$

To verify the effect on the sign of a determinant by row/column interchange.

$$\Delta = \begin{vmatrix} a_{11} & a_{12} & a_{13} \\ a_{21} & a_{22} & a_{23} \\ a_{31} & a_{32} & a_{33} \end{vmatrix}$$

$$= a_{11}\begin{vmatrix} a_{22} & a_{23} \\ a_{32} & a_{33} \end{vmatrix} - a_{12}\begin{vmatrix} a_{21} & a_{23} \\ a_{31} & a_{33} \end{vmatrix}$$
$$+ a_{13}\begin{vmatrix} a_{21} & a_{22} \\ a_{31} & a_{32} \end{vmatrix}$$

$$= a_{11}(a_{22}a_{33} - a_{32}a_{23}) - a_{12}(a_{21}a_{33} - a_{31}a_{23})$$
$$+ a_{13}(a_{21}a_{32} - a_{31}a_{22})$$
$$= a_{11}a_{22}a_{33} - a_{11}a_{32}a_{23} - a_{12}a_{21}a_{33}$$
$$+ a_{12}a_{31}a_{23} + a_{13}a_{21}a_{32} - a_{13}a_{31}a_{22}.$$

Interchange first and second row and denote the new determinant by Δ_1

$$\Delta_1 = \begin{vmatrix} a_{21} & a_{22} & a_{23} \\ a_{11} & a_{12} & a_{13} \\ a_{31} & a_{32} & a_{33} \end{vmatrix}.$$

Expanding Δ_1 about the first row

$$\Delta_1 = a_{21}\begin{vmatrix} a_{12} & a_{13} \\ a_{32} & a_{33} \end{vmatrix} - a_{22}\begin{vmatrix} a_{11} & a_{13} \\ a_{31} & a_{33} \end{vmatrix}$$
$$+ a_{23}\begin{vmatrix} a_{11} & a_{12} \\ a_{31} & a_{32} \end{vmatrix}$$
$$= a_{21}(a_{12}a_{33} - a_{13}a_{32}) - a_{22}(a_{11}a_{33} - a_{13}a_{31})$$
$$+ a_{23}(a_{11}a_{32} - a_{12}a_{31})$$
$$= a_{21}a_{12}a_{33} - a_{21}a_{13}a_{32} - a_{22}a_{11}a_{33}$$
$$+ a_{22}a_{13}a_{31} + a_{23}a_{11}a_{32} - a_{23}a_{12}a_{31}$$
$$= -\Delta.$$

Consider the example

$$\Delta = \begin{vmatrix} 1 & -2 & 3 \\ -2 & 3 & 4 \\ 1 & -1 & -2 \end{vmatrix}$$
$$= 1\begin{vmatrix} 3 & 4 \\ -1 & -2 \end{vmatrix} + 2\begin{vmatrix} -2 & 4 \\ 1 & -2 \end{vmatrix} + 3\begin{vmatrix} -2 & 3 \\ 1 & -1 \end{vmatrix}$$
$$\Delta = -6 + 4 + 0 - 3 = -5$$

Interchange first row and second row

$$\Delta_1 = \begin{vmatrix} -2 & 3 & 4 \\ 1 & -2 & 3 \\ 1 & -1 & -2 \end{vmatrix}$$

Expanding about the first row.

$$\Delta_1 = -2\begin{vmatrix} -2 & 3 \\ -1 & -2 \end{vmatrix} - 3\begin{vmatrix} 1 & 3 \\ 1 & -2 \end{vmatrix} + 4\begin{vmatrix} 1 & -2 \\ 1 & -1 \end{vmatrix}$$
$$= -2(4 + 3) - 3(-2 - 3) + 4(-1 + 2)$$
$$= -14 + 15 + 4 = 5,\ \Delta_1 = -\Delta.$$

Therefore, by changing two rows the sign of the determinant is changed.

Interchanging now the first and second columns.

$$\Delta_1 = \begin{vmatrix} -2 & 1 & 3 \\ 3 & -2 & 4 \\ -1 & 1 & -2 \end{vmatrix}$$
$$= -2\begin{vmatrix} -2 & 4 \\ 1 & -2 \end{vmatrix} - \begin{vmatrix} 3 & 4 \\ -1 & -2 \end{vmatrix}$$
$$+ 3\begin{vmatrix} 3 & -2 \\ -1 & 1 \end{vmatrix}$$
$$= -2(4 - 4) - (-6 + 4) + 3(3 - 2)$$
$$= 2 + 3 = 5,\ \Delta_1 = -\Delta.$$

Again it is noted that the determinant changes sign.

The value of a determinant is unaltered when the rows and columns are completely interchanged.

$$\Delta = \begin{vmatrix} a_{11} & a_{12} & a_{13} \\ a_{21} & a_{22} & a_{23} \\ a_{31} & a_{32} & a_{33} \end{vmatrix} = \begin{vmatrix} a_{11} & a_{21} & a_{31} \\ a_{12} & a_{22} & a_{32} \\ a_{13} & a_{23} & a_{33} \end{vmatrix}$$

Consider the example

$$\begin{vmatrix}1&-2&3\\-2&3&4\\1&-1&-2\end{vmatrix} = 1\begin{vmatrix}3&4\\-1&-2\end{vmatrix} + 2\begin{vmatrix}-2&4\\1&-2\end{vmatrix} + 3\begin{vmatrix}-2&3\\1&-1\end{vmatrix}$$

$$= -6+4+2(+4-4)+3(2-3)$$

$$= -2+0-3=-5.$$

The rows and columns are completely interchanged

$$\begin{vmatrix}1&-2&1\\-2&3&-1\\3&4&-2\end{vmatrix} = \begin{vmatrix}3&-1\\4&-2\end{vmatrix} + 2\begin{vmatrix}-2&-1\\3&-2\end{vmatrix} + \begin{vmatrix}-2&3\\3&4\end{vmatrix}$$

$$= -6+4+2(4+3)-8-9=-5.$$

If any row (or column) is added or subtracted from any other row (or column), the value of Δ is not changed.

$$\Delta_1 = \begin{vmatrix}a_{11}&a_{12}&a_{13}\\a_{21}+a_{11}&a_{22}+a_{12}&a_{23}+a_{13}\\a_{31}&a_{32}&a_{33}\end{vmatrix}$$

this is obtained by adding the first row to the second row of the general determinant Δ.

$$\Delta = \Delta_1.$$

Consider again a numerical example. Adding the first row to the second row.

$$\begin{vmatrix}1&-2&3\\-2&3&4\\1&-1&-2\end{vmatrix} = \begin{vmatrix}1&-2&3\\-2+1&3-2&4+3\\1&-1&-2\end{vmatrix}$$

$$= \begin{vmatrix}1&-2&3\\-1&1&7\\1&-1&-2\end{vmatrix}$$

$$= \begin{vmatrix}1&7\\-1&-2\end{vmatrix} + 2\begin{vmatrix}-1&7\\1&-2\end{vmatrix} + 3\begin{vmatrix}-1&1\\1&-1\end{vmatrix}$$

$$= -2+7+2(2-7)+0=-5.$$

Subtracting the first row from the second row.

$$\begin{vmatrix}1&-2&3\\-2-1&3+2&4-3\\1&-1&-2\end{vmatrix}$$

$$= \begin{vmatrix}1&-2&3\\-3&5&1\\1&-1&-2\end{vmatrix}$$

$$= \begin{vmatrix}5&1\\-1&-2\end{vmatrix} + 2\begin{vmatrix}-3&1\\1&-2\end{vmatrix} + 3\begin{vmatrix}-3&5\\1&-1\end{vmatrix}$$

$$= -10+1+2(6-1)+3(3-5)$$

$$= -9+10-6=-5.$$

Deduce that the value of the determinant is equal to zero if two rows/columns are equal.

First and second rows are equal.

$$\begin{vmatrix}1&-2&3\\1&-2&3\\4&-5&6\end{vmatrix} = 1\begin{vmatrix}-2&3\\-5&6\end{vmatrix} + 2\begin{vmatrix}1&3\\4&6\end{vmatrix} + 3\begin{vmatrix}1&-2\\4&-5\end{vmatrix}$$

$$= -12+15+2(-6)+3(-5+8)$$

$$= -12+15-12+9=0.$$

First and second columns are equal.

$$\begin{vmatrix}1&1&-4\\2&2&-2\\3&3&4\end{vmatrix} = 1\begin{vmatrix}2&-2\\3&4\end{vmatrix} - \begin{vmatrix}2&-2\\3&4\end{vmatrix} - 4\begin{vmatrix}2&2\\3&3\end{vmatrix}$$

$$= 8+6-(8+6)-4(6-6)=0.$$

To verify the effect of extracting a common factor from a row or column.

If one row (or column) of Δ is multiplied by k, the resulting determinant is equal to $k\Delta$

$$\begin{vmatrix}ka_{11}&ka_{12}&ka_{13}\\a_{21}&a_{22}&a_{23}\\a_{31}&a_{32}&a_{33}\end{vmatrix} = k\begin{vmatrix}a_{11}&a_{12}&a_{13}\\a_{21}&a_{22}&a_{23}\\a_{31}&a_{32}&a_{33}\end{vmatrix} = k\Delta$$

$$\begin{vmatrix}ka_{11}&a_{12}&a_{13}\\ka_{21}&a_{22}&a_{23}\\ka_{31}&a_{32}&a_{33}\end{vmatrix} = k\Delta$$

Worked Example 11

Factorize the determinant and hence evaluate

$$\begin{vmatrix} 2 & 1 & -1 \\ 4 & 2 & -3 \\ 8 & 4 & -5 \end{vmatrix}$$

Solution 11

$$\begin{vmatrix} 2 & 1 & -1 \\ 4 & 2 & -3 \\ 8 & 4 & -5 \end{vmatrix} = 2\begin{vmatrix} 1 & 1 & -1 \\ 2 & 2 & -3 \\ 4 & 4 & -5 \end{vmatrix} = 2 \times 0 = 0.$$

Observe that the first two columns are identical, so the determinant is zero.

Worked Example 12

Factorise the determinants and hence solve the equations:

(i) $$\begin{vmatrix} x & x^2 & x^3 \\ 3 & 9 & 27 \\ -1 & -2 & -3 \end{vmatrix} = 0$$

(ii) $$\begin{vmatrix} 1 & x^3 & 2 \\ 1 & x^2 & 3 \\ 1 & x & 4 \end{vmatrix} = 0$$

(iii) $$\begin{vmatrix} 1 & 2 & x \\ -1 & 4 & x^2 \\ 2 & 9 & x^3 \end{vmatrix} = 0$$

Solution 12

(i) $$\begin{vmatrix} x & x^2 & x^3 \\ 3 & 9 & 27 \\ -1 & -2 & -3 \end{vmatrix} = 3x\begin{vmatrix} 1 & x & x^2 \\ 1 & 3 & 9 \\ -1 & -2 & -3 \end{vmatrix} = 0$$

$$= 3x\begin{vmatrix} 3 & 9 \\ -2 & -3 \end{vmatrix} - 3x\begin{vmatrix} x & x^2 \\ -2 & -3 \end{vmatrix}$$

$$- 3x\begin{vmatrix} x & x^2 \\ 3 & 9 \end{vmatrix}$$

$$= 3x(-9 + 18) - 3x(-3x + 2x^2)$$

$$- 3x(9x - 3x^2)$$

$$= 3x(9 + 3x - 2x^2 - 9x + 3x^2) = 0$$

$$3x(x^2 - 6x + 9) = 0, 3x(x - 3)^2 = 0$$

$\boxed{x = 0}$, $\boxed{x = 3}$.

(ii) $$\begin{vmatrix} 1 & x^3 & 2 \\ 1 & x^2 & 3 \\ 1 & x & 4 \end{vmatrix} = x\begin{vmatrix} 1 & x^2 & 2 \\ 1 & x & 3 \\ 1 & 1 & 4 \end{vmatrix} = 0$$

$$x\left[\begin{vmatrix} x & 3 \\ 1 & 4 \end{vmatrix} - \begin{vmatrix} x^2 & 2 \\ 1 & 4 \end{vmatrix} + \begin{vmatrix} x^2 & 2 \\ x & 3 \end{vmatrix}\right] = 0$$

$$= x\left[(4x - 3) - (4x^2 - 2) + 3x^2 - 2x\right]$$

$$= x(4x - 3 - 4x^2 + 2 + 3x^2 - 2x)$$

$$= x(-x^2 + 2x - 1) = 0,$$

$$x = 0, -x^2 + 2x - 1 = 0,$$

$$x = \frac{-2 \pm \sqrt{4 - 4}}{-2} = \frac{-2}{-2}$$

therefore $x = 0, x = 1$.

(iii) $$\begin{vmatrix} 1 & 2 & x \\ -1 & 4 & x^2 \\ 2 & 9 & x^3 \end{vmatrix} = x\begin{vmatrix} 1 & 2 & 1 \\ -1 & 4 & x \\ 2 & 9 & x^2 \end{vmatrix} = 0$$

$$x\left[\begin{vmatrix} 4 & x \\ 9 & x^2 \end{vmatrix} + \begin{vmatrix} 2 & 1 \\ 9 & x^2 \end{vmatrix} + 2\begin{vmatrix} 2 & 1 \\ 4 & x \end{vmatrix}\right] = 0$$

$$x\left[(4x^2 - 9x) + (2x^2 - 9) + 2(2x - 4)\right] = 0$$

$$x\left[4x^2 - 9x + 2x^2 - 9 + 4x - 8\right] = 0$$

$$x(6x^2 - 5x - 17) = 0$$

$\boxed{x = 0}$, $6x^2 - 5x - 17 = 0,$

$$x = \frac{5 \pm \sqrt{25 + 4 \times 6 \times 17}}{12}$$

$$x = \frac{5 \pm \sqrt{433}}{12}, x = \frac{5 + 20.81}{12}$$

$$\text{or } x = \frac{5 - 20.81}{12}$$

$\boxed{x = 2.15}$ or $\boxed{x = -1.32.}$

Worked Example 13

Factorise

(i) $$\begin{vmatrix} 1 & x & x^2 \\ 1 & y & y^2 \\ 1 & z & z^2 \end{vmatrix}$$

(ii) $$\begin{vmatrix} 2 & x & x^2 \\ 2 & y & y^2 \\ 2 & z & z^2 \end{vmatrix}$$

(iii) $$\begin{vmatrix} 1 & 1 & 1 \\ u & v & w \\ u^2 & v^2 & w^2 \end{vmatrix}$$

Solution 13

(i) $\begin{vmatrix} 1 & x & x^2 \\ 1 & y & y^2 \\ 1 & z & z^2 \end{vmatrix}$

If $x = y$, the first two rows are equal and hence the determinant is zero then $x - y$ is a factor.

If $x = z$, the first and third rows are equal and hence the determinant is zero then $x - z$ is a factor.

If $y = z$, the second and third rows are equal and hence the determinant is zero then $y - z$ is a factor.

$$\begin{vmatrix} 1 & x & x^2 \\ 1 & y & y^2 \\ 1 & z & z^2 \end{vmatrix} = (x - y)(x - z)(y - z)$$

(ii) $\begin{vmatrix} 2 & x & x^2 \\ 2 & y & y^2 \\ 2 & z & z^2 \end{vmatrix}$

if $x = y$, the first two rows are equal and hence the determinant is zero then $x - y$ is a factor.

If $x = z$, then $x - z$ is a factor.

If $y = z$, then $y - z$ is a factor.

$$\begin{vmatrix} 2 & x & x^2 \\ 2 & y & y^2 \\ 2 & z & z^2 \end{vmatrix} = 2(x - y)(x - z)(y - z)$$

(iii) $\begin{vmatrix} 1 & 1 & 1 \\ u & v & w \\ u^2 & v^2 & w^2 \end{vmatrix}$. If $u = v$, the first two columns are equal, therefore $u - v$ is a factor. If $v = w$, the second and third columns are equal, therefore $u - w$ is a factor.

$$\begin{vmatrix} 1 & 1 & 1 \\ u & v & w \\ u^2 & v^2 & w^2 \end{vmatrix} = (u - v)(v - w)(u - w).$$

Worked Example 14

Evaluate the determinants by adding or subtracting of rows or columns.

(i) $\begin{vmatrix} 1 & 1 & 2 \\ 1 & 1 & 3 \\ 2 & -5 & 7 \end{vmatrix}$

(ii) $\begin{vmatrix} -2 & 2 & 1 \\ 2 & -2 & 2 \\ 5 & -7 & 3 \end{vmatrix}$.

Solution 14

(i) $\begin{vmatrix} 1 & 1 & 2 \\ 1 & 1 & 3 \\ 2 & -5 & 7 \end{vmatrix} = \begin{vmatrix} 0 & 1 & 2 \\ 0 & 1 & 3 \\ 7 & -5 & 7 \end{vmatrix} = 7\begin{vmatrix} 1 & 2 \\ 1 & 3 \end{vmatrix} = 7$

subtracting second column from the first column.

(ii) $\begin{vmatrix} -2 & 2 & 1 \\ 2 & -2 & 2 \\ 5 & -7 & 3 \end{vmatrix} = \begin{vmatrix} 0 & 2 & 1 \\ 0 & -2 & 2 \\ -2 & -7 & 3 \end{vmatrix}$

adding the second column to the first column

$$= -2\begin{vmatrix} 2 & 1 \\ -2 & 2 \end{vmatrix} = -2(4 + 2) = -12$$

Worked Example 15

Find the value of x if $\Delta = \begin{vmatrix} x & 2x & 3x \\ 1 & -1 & 2 \\ -2 & 3 & 5 \end{vmatrix} = -26.$

Use the properties of the determinants as far as possible.

Solution 15

$$\Delta = x\begin{vmatrix} 1 & 2 & 3 \\ 1 & -1 & 2 \\ -2 & 3 & 5 \end{vmatrix} = x\begin{vmatrix} 3 & 2 & 3 \\ 0 & -1 & 2 \\ 1 & 3 & 5 \end{vmatrix}$$

column one minus column two

$$= x\left[3\begin{vmatrix} -1 & 2 \\ 3 & 5 \end{vmatrix} + \begin{vmatrix} 2 & 3 \\ -1 & 2 \end{vmatrix}\right]$$

$$= x[3(-5 - 6) + (4 + 3)]$$

$$= x(-33 + 7) = -26, \quad \boxed{x = 1}$$

The trace method in evaluating the determinant Δ.

$$\Delta = \begin{vmatrix} a_{11} & a_{12} & a_{13} \\ a_{21} & a_{22} & a_{23} \\ a_{31} & a_{32} & a_{33} \end{vmatrix}.$$

Write down the array of numbers as shown and repeat the first two columns as shown.

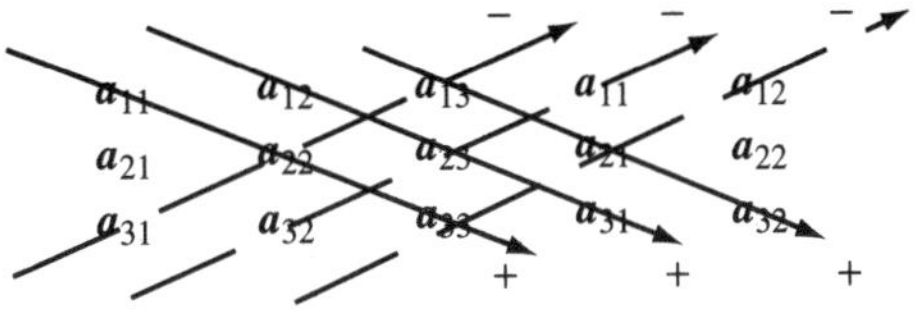

Draw arrows diagonally to include three elements as shown above. The arrows down are positive and the arrows up are negative. This is Sarrus rule.

$a_{11}a_{22}a_{33} + a_{12}a_{23}a_{31} + a_{13}a_{21}a_{32} -$

$a_{31}a_{22}a_{13} - a_{32}a_{23}a_{11} - a_{33}a_{21}a_{12}.$

This method is only valid for 3 × 3 determinant.

WORKED EXAMPLE 16

Evaluate the determinant by the trace method

$$\Delta = \begin{vmatrix} 1 & -2 & 3 \\ -2 & 3 & 4 \\ 1 & -1 & -2 \end{vmatrix}$$

Check by another method.

Solution 16

Using the trace method of Sarrus rule

$$\begin{matrix} 1 & -2 & 3 & 1 & -2 \\ -2 & 3 & 4 & -2 & 3 \\ 1 & -1 & -2 & 1 & -1 \end{matrix}$$

$$= (1)(3)(-2) + (-2)(4)(1) + (3)(-2)(-1)$$

$$- (1)(3)(3) - (-1)(4)(1) - (-2)(-2)(-2)$$

$$= -6 - 8 + 6 - 9 + 4 + 8 = -5.$$

Alternatively

$$\Delta = \begin{vmatrix} 3 & 4 \\ -1 & -2 \end{vmatrix} + 2\begin{vmatrix} -2 & 4 \\ 1 & -2 \end{vmatrix} + 3\begin{vmatrix} -2 & 3 \\ 1 & -1 \end{vmatrix}$$

$$= -6 + 4 + 2(4 - 4) + 3(2 - 3) = -2 - 3 = -5.$$

Exercises 2

1. Evaluate the 3 × 3 determinant $\Delta = \begin{vmatrix} 1 & 2 & 3 \\ 4 & 5 & 6 \\ 7 & 8 & 9 \end{vmatrix}$

   by expanding

   (i) by the first row

   (ii) by the third column.

2. Evaluate the 3 × 3 determinant or the third order determinant

   $\Delta = \begin{vmatrix} -1 & -1 & 3 \\ 1 & 2 & 2 \\ 4 & -2 & 3 \end{vmatrix}$ by expanding any row or any column.

3. Evaluate the $\Delta = \begin{vmatrix} 32 & 7 & -2 \\ 5 & 25 & 8 \\ 9 & -6 & 16 \end{vmatrix}$.

4. Evaluate $\begin{vmatrix} 7 & 54 & 81 \\ 1 & 6 & 9 \\ 2 & 3 & 4 \end{vmatrix}$ using the properties of a determinant for simplification.

5. Evaluate $\begin{vmatrix} 3 & 5 & 21 \\ -5 & 2 & -35 \\ 7 & -1 & 49 \end{vmatrix}$ using the properties of a determinant for simplification.

6. Evaluate $\begin{vmatrix} 1 & 1 & 1 \\ 1 & 1 & -1 \\ 1 & -2 & 3 \end{vmatrix}$ by the following methods:

   (i) By expanding by the first row,

   (ii) by expanding by the third column,

   (iii) adding or subtracting rows or columns,

   (iv) by using the trace method (which is only valid for a 3 × 3 determinant).

7. Show that $\begin{vmatrix} 2x & 2y & 2z \\ x^2 & y^2 & z^3 \\ x^3 & y^3 & z^3 \end{vmatrix}$

   $$= 2xyz(x - y)(x - z)(z - y)$$

   using factorisation techniques.

8. Determine the following determinants:

   (i) $\begin{vmatrix} 2 & 1 & -3 \\ 1 & -2 & 1 \\ 2 & 1 & -1 \end{vmatrix}$

   (ii) $\begin{vmatrix} 3 & -1 & -1 \\ 1 & 1 & 1 \\ 4 & -1 & 1 \end{vmatrix}$

   (iii) $\begin{vmatrix} 4 & -1 & 5 \\ 5 & 7 & -3 \\ 3 & 4 & 1 \end{vmatrix}$

   (iv) $\begin{vmatrix} 2 & -5 & 2 \\ 9 & 3 & -4 \\ 7 & 3 & -2 \end{vmatrix}$

   (v) $\begin{vmatrix} 1 & -1 & 2 \\ 4 & 1 & 1 \\ 5 & -1 & 8 \end{vmatrix}$.

Solve the simultaneous equations by the method of determinants, using Cramer's rule.

9. $a + b + c = 6$

$2a - 3b + 4c = -6$

$-2a + b - 3c = -1.$

10. $5x - 7y + 2z = 6$

$4x + 4y + z = -3$

$-3x + 2y + 3z = -14.$

11. $4x + 2y + z = 6$

$-2x - 4y + 10z = 3$

$3x + y + 2z = 5.$

12. $5x + y + 6z = 18$

$3x + 4y + 2z = 11$

$-2x - y + 4z = 5.$

13. $x - y + z = 1$

$2x + y - 3z = 0$

$-x - 2y + 2z = -1.$

14. Solve the following system of equations by elimination to yield Cramer's rule for x, y, z, that is, prove that $\dfrac{x}{\Delta_1} = -\dfrac{y}{\Delta_2} = \dfrac{z}{\Delta_3} = -\dfrac{1}{\Delta}$ are the solutions of

$$a_{11}x + a_{12}y + a_{13}z = c_1$$
$$a_{21}x + a_{22}y + a_{23}z = c_2$$
$$a_{31}x + a_{32}y + a_{33}z = c_3$$

15. Show that the determinants are identical by using the properties of the determinants:

$$\Delta_1 = \begin{vmatrix} 7 & 1 & 6 \\ 3 & -1 & 4 \\ -2 & 3 & 0 \end{vmatrix}$$

$$\Delta_2 = \begin{vmatrix} 10 & 0 & 10 \\ 3 & -1 & 4 \\ -2 & 3 & 0 \end{vmatrix}$$

$$\Delta_3 = \begin{vmatrix} 7 & 1 & 6 \\ 3 & -1 & 4 \\ 1 & 2 & 4 \end{vmatrix}$$

$$\Delta_4 = \begin{vmatrix} 0 & 0 & 10 \\ -1 & -1 & 4 \\ -2 & 3 & 0 \end{vmatrix}$$

and that the value of each determinant is -50.

16. Evaluate the following third order determinants.

(i) $\Delta_1 = \begin{vmatrix} -7 & 1 & 25^7 \\ 8 & 0 & 0 \\ 7 & 0 & 3 \end{vmatrix}$

(ii) $\Delta_2 = \begin{vmatrix} 5 & 27^{15} & x \\ 0 & 4 & 35^{25} \\ 0 & 0 & 2 \end{vmatrix}$

(iii) $\Delta_3 = \begin{vmatrix} 7 & 0 & -7 \\ 3 & 1 & 1 \\ 1 & 0 & 2 \end{vmatrix}.$

17. Use the properties of the determinants to evaluate the following:

(i) $\begin{vmatrix} 1 & 1 & -6 \\ -3 & 4 & 6 \\ 1 & -3 & 1 \end{vmatrix}$

(ii) $\begin{vmatrix} 1 & 1 & -6 \\ 2 & 4 & 6 \\ -2 & -3 & 1 \end{vmatrix}$

(iii) $\begin{vmatrix} 1 & 1 & -6 \\ 2 & -3 & 6 \\ -2 & 1 & 1 \end{vmatrix}$

(iv) $\begin{vmatrix} 1 & 1 & 1 \\ 2 & -3 & 4 \\ -2 & 1 & -3 \end{vmatrix}$

(v) $\begin{vmatrix} -7 & 2 & -6 \\ 4 & 1 & 3 \\ 2 & 3 & 14 \end{vmatrix}$

(vi) $\begin{vmatrix} 5 & 2 & -6 \\ 4 & 1 & 3 \\ -3 & 3 & 14 \end{vmatrix}$

(vii) $\begin{vmatrix} 5 & -7 & -6 \\ 4 & 4 & 3 \\ -3 & 2 & 14 \end{vmatrix}$

(viii) $\begin{vmatrix} 5 & -7 & 2 \\ 4 & 4 & 1 \\ -3 & 2 & 3 \end{vmatrix}$

(ix) $\begin{vmatrix} 2 & 1 & -6 \\ -4 & 10 & -3 \\ 1 & 2 & -5 \end{vmatrix}$

(x) $\begin{vmatrix} 4 & 1 & -6 \\ -2 & 10 & -3 \\ 3 & 2 & -5 \end{vmatrix}$

(xi) $\begin{vmatrix} 4 & 2 & -6 \\ -2 & -4 & -3 \\ 3 & 1 & -5 \end{vmatrix}$

(xii) $\begin{vmatrix} 4 & 2 & 1 \\ -2 & -4 & 10 \\ 3 & 1 & 2 \end{vmatrix}$

(xiii) $\begin{vmatrix} 1 & 6 & -18 \\ 4 & 2 & -11 \\ -1 & 4 & -5 \end{vmatrix}$

(xiv) $\begin{vmatrix} 5 & 6 & -18 \\ 3 & 2 & -11 \\ -2 & 4 & -5 \end{vmatrix}$

(xv) $\begin{vmatrix} 5 & 1 & -18 \\ 3 & 4 & -11 \\ -2 & -1 & -5 \end{vmatrix}$

(xvi) $\begin{vmatrix} 5 & 1 & 6 \\ 3 & 4 & 2 \\ -2 & -1 & 4 \end{vmatrix}$

(xvii) $\begin{vmatrix} -1 & 1 & -1 \\ 1 & -3 & 0 \\ -2 & 2 & 1 \end{vmatrix}$

(xviii) $\begin{vmatrix} 1 & 1 & -1 \\ 2 & -3 & 0 \\ -1 & 2 & 1 \end{vmatrix}$

(xix) $\begin{vmatrix} 1 & -1 & -1 \\ 2 & 1 & 0 \\ -1 & -2 & 1 \end{vmatrix}$

(xx) $\begin{vmatrix} 1 & -1 & 1 \\ 2 & 1 & -3 \\ -1 & -2 & 2 \end{vmatrix}$.

Ans.
(i) 1
(ii) −4
(iii) 1
(iv) −1
(v) −195
(vi) −195
(vii) 585
(viii) 195
(ix) −3
(x) 9
(xi) −6
(xii) 6
(xiii) −104
(xiv) 104
(xv) −208
(xvi) 104
(xvii) 6
(xviii) −6
(xix) +6
(xx) −6.

18. Use the properties of the determinants to show the following:

(i) $\begin{vmatrix} y & x & 1 \\ x+1 & y+1 & x+y \\ 1 & 1 & 1 \end{vmatrix} = 0$

(ii) $\begin{vmatrix} 1 & a & b+2 \\ 1 & b+2 & a \\ 1 & 2 & a+b \end{vmatrix} = 0$

(iii) $\begin{vmatrix} 2+x & a+2 & a+x+4 \\ 2+y & b+2 & b+y+4 \\ 2+z & c+2 & c+z+4 \end{vmatrix} = 0$

(iv) $\begin{vmatrix} 2 & 2 & x \\ 2 & x & 2 \\ x & 2 & 2 \end{vmatrix} = -(x+4)(2-x)^2$.

19. Solve the equations

(i) $\begin{vmatrix} x & 1 & 1 & 1 \\ 1 & x & 1 & 1 \\ 1 & 1 & x & 1 \\ 1 & 1 & 1 & x \end{vmatrix} = 0$

(ii) $\begin{vmatrix} -1 & x & x & x \\ x & -1 & x & x \\ x & x & -1 & x \\ x & x & x & -1 \end{vmatrix} = 0$

(iii) $\begin{vmatrix} 2 & 2 & 2 & x \\ 2 & 2 & x & 2 \\ 2 & x & 2 & 2 \\ x & 2 & 2 & 2 \end{vmatrix} = 0$

(iv) $\begin{vmatrix} x & x & x & 1 \\ x & x & 1 & x \\ x & 1 & x & x \\ 1 & x & x & x \end{vmatrix} = 0.$

3

Matrices

The notation for a matrix.

We have seen previously how to denote a matrix

$$\mathbf{A} = \begin{pmatrix} a_{11} & a_{12} \\ a_{21} & a_{22} \end{pmatrix}$$

which is a square 2×2 matrix, that is, two rows by two columns.

A matrix is an array of numbers enclosed by two brackets, such as the following examples:

(i) $\begin{pmatrix} 2 & 3 \\ 1 & -2 \end{pmatrix}$

(ii) $\begin{pmatrix} 1 \\ 2 \end{pmatrix}$

(iii) $(2 \;\; 3)$

(iv) $\begin{pmatrix} 1 & 2 & 3 \\ -1 & 2 & 4 \end{pmatrix}$

(v) $\begin{pmatrix} 1 & 2 \\ 3 & 4 \\ 5 & 6 \end{pmatrix}$

(vi) $\begin{pmatrix} 1 & 2 & 3 \\ 4 & 5 & 6 \\ 7 & 8 & 9 \end{pmatrix}$.

Terminology for these examples is as follows:

Each number is called an element of the matrix, the number of elements in

(i) are four, in

(ii) are two, in

(iii) are two, in

(iv) are six, in

(v) are six, and in

(vi) are nine.

There are also rows and columns

(i) has two rows and two columns,

(ii) has two rows and one column,

(iii) one row and two columns,

(iv) two rows and three columns,

(v) three rows and two columns,

(vi) three rows and three columns.

The order of the matrix is denoted as follows:-

For

(i) it is a two by two denoted 2×2, the first 2 denotes the number of rows and the second 2 denotes the number of columns, for

(ii) it is a two by one denoted 2×1, that is, there are two rows and one column, for

(iii) 1×2, for

(iv) 2×3, for

(v) 3×2, and for

(vi) 3×3.

The general matrix notation of

$$\mathbf{A} = \begin{pmatrix} a_{11} & a_{12} \\ a_{21} & a_{22} \end{pmatrix}$$

denotes four elements, $a_{11}, a_{12}, a_{21}, a_{22}$, there are two rows and two columns, that is, 2×2. The subscripts denote the location of the elements. 11, denotes that the element is located in the first row and in the first column, 12, denotes that the element is located in the first row and in the second column, 21, denotes that the element is located in the second row and in the first column and finally, 22, denotes that the element is located in the second row and in the second column.

Two equation in x and y are written as

$$a_{11}x + a_{12}y = c_1 \qquad \ldots (1)$$

$$a_{21}x + a_{22}y = c_2 \qquad \ldots (2)$$

algebraically.

These two equations are characterised by the six numbers $a_{11}, a_{12}, c_1, a_{21}, a_{22}, c_2$ and can be written as rows and columns.

	Coefficient of x	Coefficient of y	Constant term
First equation	a_{11}	a_{12}	c_1
Second equation	a_{21}	a_{22}	c_2

this array of numbers has two rows and three columns

$$\begin{pmatrix} a_{11} & a_{12} & -c_1 \\ a_{21} & a_{22} & -c_2 \end{pmatrix}$$

In general

$$\mathbf{A} = \begin{pmatrix} a_{11} & a_{12} & \cdots & a_{1j} & \cdots & a_{1m} \\ a_{21} & a_{22} & \cdots & a_{2j} & \cdots & a_{2m} \\ \cdot & & & & & \cdot \\ \cdot & & & & & \cdot \\ a_{i1} & a_{i2} & \cdots & a_{ij} & \cdots & a_{im} \\ \cdot & & & & & \cdot \\ \cdot & & & & & \cdot \\ a_{n1} & a_{n2} & \cdots & a_{nj} & \cdots & a_{nm} \end{pmatrix}$$

(jth column; ith row)

the order of the matrix is n rows and m columns, that is, $n \times m$ matrix.

Geometric representation of matrices.

What does a 2×1 matrix represent? A two by one matrix is $\binom{x}{y}$, which represents a vector. Fig. 9-I/I shows a point $P(x, y)$

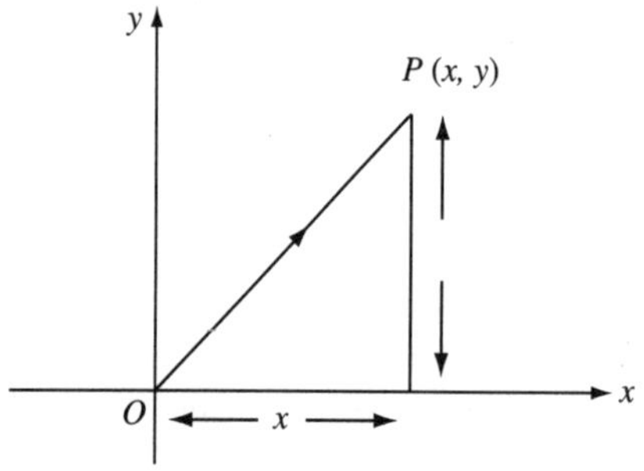

Fig. 9-I/1 Matrix 2×1

of coordinates x and y, that is, x units, horizontally and y units, vertically.

The point P is denoted by the coordinates x and y, the vector $\overrightarrow{OP}$ is denoted by a matrix $\binom{x}{y}$, which is a two by one.

$$\boxed{\overrightarrow{OP} = \begin{pmatrix} x \\ y \end{pmatrix}}$$

If we locate different points, P, Q and R by different sets of points $P(x_1, y_1)$, $Q(x_2, y_2)$, $R(x_3, y_3)$, the matrix of these three points may be written as

$$\begin{pmatrix} x_1 & x_2 & x_3 \\ y_1 & y_2 & y_3 \end{pmatrix}$$

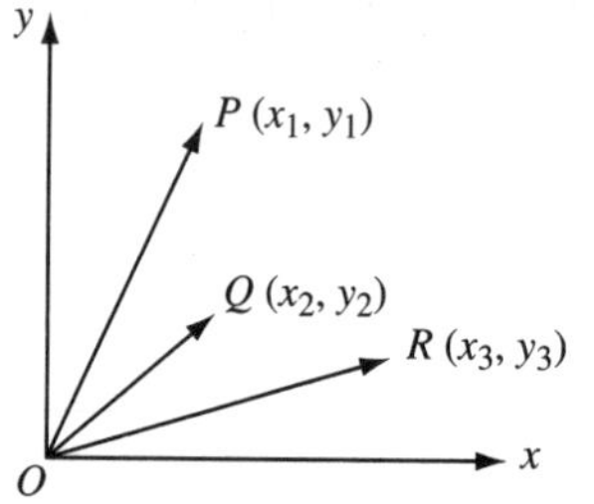

Fig. 9-I/2 Matrix 2×2

Three points in three dimensions can be written $P(x_1, y_1, z_1)$, $Q(x_2, y_2, z_2)$ and $R(x_3, y_3, z_3)$

$$\begin{pmatrix} x_1 & x_2 & x_3 \\ y_1 & y_2 & y_3 \\ z_1 & z_2 & z_3 \end{pmatrix}.$$

A mixed sixth form school has four groups A, B, C and D and can be represented in a matrix form as

$$\begin{pmatrix} A & B & C & D \\ 12 & 11 & 15 & 8 \\ 12 & 13 & 9 & 16 \end{pmatrix} \begin{matrix} \\ \text{Girls} \\ \text{Boys} \end{matrix}$$

From the array of numbers we can see the distribution of boys and girls in each group.

Sum and difference of two matrices.

Matrices are denoted by single bold upright capital letters, for example:

$$\mathbf{A} = \begin{pmatrix} a_{11} & a_{12} \\ a_{21} & a_{22} \end{pmatrix}$$

$$\mathbf{B} = \begin{pmatrix} b_{11} & b_{12} \\ b_{21} & b_{22} \end{pmatrix}$$

$$\mathbf{C} = \begin{pmatrix} c_{11} & c_{12} \\ c_{21} & c_{22} \end{pmatrix}.$$

In order to find the sum or difference of matrices, we must have the same number of rows and columns.

$$\mathbf{A}+\mathbf{B}=\begin{pmatrix} a_{11} & a_{12} \\ a_{21} & a_{22} \end{pmatrix}+\begin{pmatrix} b_{11} & b_{12} \\ b_{21} & b_{22} \end{pmatrix}$$

$$=\begin{pmatrix} a_{11}+b_{11} & a_{12}+b_{12} \\ a_{21}+b_{21} & a_{22}+b_{22} \end{pmatrix}$$

$$\mathbf{B}+\mathbf{A}=\begin{pmatrix} b_{11} & b_{12} \\ b_{21} & b_{22} \end{pmatrix}+\begin{pmatrix} a_{11} & a_{12} \\ a_{21} & a_{22} \end{pmatrix}$$

$$=\begin{pmatrix} b_{11}+a_{11} & b_{12}+a_{12} \\ b_{21}+a_{21} & b_{22}+a_{22} \end{pmatrix}.$$

It is observed that $\mathbf{A}+\mathbf{B}=\mathbf{B}+\mathbf{A}$, the summation of matrices is therefore associative.

$$\mathbf{A}-\mathbf{B}=\begin{pmatrix} a_{11} & a_{12} \\ a_{21} & a_{22} \end{pmatrix}-\begin{pmatrix} b_{11} & b_{12} \\ b_{21} & b_{22} \end{pmatrix}$$

$$=\begin{pmatrix} a_{11}-b_{11} & a_{12}-b_{12} \\ a_{21}-b_{21} & a_{22}-b_{22} \end{pmatrix}.$$

WORKED EXAMPLE 17

If $\mathbf{A}=\begin{pmatrix} 1 & -1 \\ 2 & 0 \end{pmatrix}$ and $\mathbf{B}=\begin{pmatrix} 2 & 3 \\ -1 & 4 \end{pmatrix}$.

Determine:

(i) $\mathbf{A}+\mathbf{B}$

(ii) $\mathbf{A}-\mathbf{B}$

(iii) $\mathbf{B}-\mathbf{A}$.

Solution 17

(i) $$\mathbf{A}+\mathbf{B}=\begin{pmatrix} 1 & -1 \\ 2 & 0 \end{pmatrix}+\begin{pmatrix} 2 & 3 \\ -1 & 4 \end{pmatrix}$$

$$=\begin{pmatrix} 1+2 & -1+3 \\ 2-1 & 0+4 \end{pmatrix}$$

$$\mathbf{A}+\mathbf{B}=\begin{pmatrix} 3 & 2 \\ 1 & 4 \end{pmatrix}$$

(ii) $$\mathbf{A}-\mathbf{B}=\begin{pmatrix} 1 & -1 \\ 2 & 0 \end{pmatrix}-\begin{pmatrix} 2 & 3 \\ -1 & 4 \end{pmatrix}$$

$$=\begin{pmatrix} 1-2 & -1-3 \\ 2+1 & 0-4 \end{pmatrix}$$

$$\mathbf{A}-\mathbf{B}=\begin{pmatrix} -1 & -4 \\ 3 & -4 \end{pmatrix}$$

(iii) $$\mathbf{B}-\mathbf{A}=\begin{pmatrix} 2 & 3 \\ -1 & 4 \end{pmatrix}-\begin{pmatrix} 1 & -1 \\ 2 & 0 \end{pmatrix}$$

$$=\begin{pmatrix} 2-1 & 3+1 \\ -1-2 & 4-0 \end{pmatrix}$$

$$\mathbf{B}-\mathbf{A}=\begin{pmatrix} 1 & 4 \\ -3 & 4 \end{pmatrix}.$$

WORKED EXAMPLE 18

If $\mathbf{A}=\begin{pmatrix} 1 & -4 \\ 2 & -5 \\ 3 & -6 \end{pmatrix}$

$\mathbf{B}=\begin{pmatrix} 0 & 3 \\ 6 & 9 \\ 2 & 7 \end{pmatrix}$ then find $\mathbf{A}+\mathbf{B}$ and $\mathbf{B}+\mathbf{A}$.

Solution 18

$$\mathbf{A}+\mathbf{B}=\begin{pmatrix} 1 & -4 \\ 2 & -5 \\ 3 & -6 \end{pmatrix}+\begin{pmatrix} 0 & 3 \\ 6 & 9 \\ 2 & 7 \end{pmatrix}$$

$$=\begin{pmatrix} 1+0 & -4+3 \\ 2+6 & -5+9 \\ 3+2 & -6+7 \end{pmatrix}$$

$$\mathbf{A}+\mathbf{B}=\begin{pmatrix} 1 & -1 \\ 8 & 4 \\ 5 & 1 \end{pmatrix}.$$

$$\mathbf{B}+\mathbf{A}=\begin{pmatrix} 0 & 3 \\ 6 & 9 \\ 2 & 7 \end{pmatrix}+\begin{pmatrix} 1 & -4 \\ 2 & -5 \\ 3 & -6 \end{pmatrix}$$

$$=\begin{pmatrix} 0+1 & 3-4 \\ 6+2 & 9-5 \\ 2+3 & 7-6 \end{pmatrix}$$

$$\mathbf{B}+\mathbf{A}=\begin{pmatrix} 1 & -1 \\ 8 & 4 \\ 5 & 1 \end{pmatrix}.$$

Matrices with the same dimensions can be added. The sum of two $m \times n$ matrices is an $m \times n$ matrix. Each element of the sum is the sum of the corresponding elements of the given matrices.

Type of Matrices.

SQUARE MATRIX

$$\mathbf{A}=\begin{pmatrix} a_{11} & a_{12} \\ a_{21} & a_{22} \end{pmatrix}$$

ROW MATRIX

$$\mathbf{B} = (a \quad b \quad c)$$

COLUMN MATRIX

$$\mathbf{C} = \begin{pmatrix} d \\ e \\ f \end{pmatrix}$$

RECTANGULAR MATRIX

$$\mathbf{D} = \begin{pmatrix} a_{11} & a_{12} \\ a_{21} & a_{22} \\ a_{31} & a_{32} \end{pmatrix}$$

ZERO OR NULL MATRIX

$$\mathbf{E} = \begin{pmatrix} 0 & 0 \\ 0 & 0 \\ 0 & 0 \end{pmatrix}$$

of order 3×2

$$\mathbf{F} = \begin{pmatrix} 0 & 0 & 0 \\ 0 & 0 & 0 \\ 0 & 0 & 0 \end{pmatrix}$$

of order 3×3.

The transpose of a matrix.

$$\mathbf{A} = \begin{pmatrix} 1 & -2 \\ 0 & 5 \end{pmatrix}$$

$$\mathbf{A}^{\mathrm{T}} = \begin{pmatrix} 1 & 0 \\ -2 & 5 \end{pmatrix}$$

the rows are written as columns and the columns as rows.

The transpose of a row matrix is a column matrix and the transpose of a column is a row matrix.

$$\mathbf{M} = \begin{pmatrix} 1 \\ 2 \\ 3 \end{pmatrix} \qquad \mathbf{M}^{\mathrm{T}} = \begin{pmatrix} 1 & 2 & 3 \end{pmatrix}$$

$$\mathbf{N} = \begin{pmatrix} -3 & -7 & 9 \end{pmatrix} \qquad \mathbf{N}^{\mathrm{T}} = \begin{pmatrix} -3 \\ -7 \\ 9 \end{pmatrix}.$$

Lower triangular.

A square matrix such as $\begin{pmatrix} 1 & 0 \\ 2 & 1 \end{pmatrix}$, $\begin{pmatrix} 1 & 0 & 0 \\ -3 & 2 & 0 \\ 2 & 1 & 3 \end{pmatrix}$, the elements above the diagonal are zero.

Upper triangular.

A square matrix such as $\begin{pmatrix} 3 & 1 \\ 0 & 5 \end{pmatrix}$, $\begin{pmatrix} 1 & -1 & 2 \\ 0 & -2 & -3 \\ 0 & 0 & 2 \end{pmatrix}$, the elements below the diagonal are zero.

Diagonal matrix.

The matrix is a square matrix in which all the elements are zero except the diagonal elements

$$\mathbf{G} = \begin{pmatrix} a & 0 \\ 0 & b \end{pmatrix}$$

diagonal matrix of order 2

$$\mathbf{H} = \begin{vmatrix} a & 0 & 0 \\ 0 & b & 0 \\ 0 & 0 & c \end{vmatrix}$$

diagonal matrix of order 3.

Note that a diagonal matrix runs from upper left to lower right.

Unit matrix.

This is a diagonal matrix where all the diagonal elements are unity such as

$$\mathbf{I} = \begin{pmatrix} 1 & 0 \\ 0 & 1 \end{pmatrix}$$

$$\mathbf{I} = \begin{vmatrix} 1 & 0 & 0 \\ 0 & 1 & 0 \\ 0 & 0 & 1 \end{vmatrix}$$

of order two and three respectively. The unit matrix is denoted by the letter **I**.

The trace of a diagonal matrix.

The sum of the diagonal elements of a diagonal matrix is called the trace of the matrix.

WORKED EXAMPLE 19

Find the trace of the diagonal matrices

(i) $\begin{pmatrix} 1 & 0 & 0 \\ 0 & 2 & 0 \\ 0 & 0 & 3 \end{pmatrix}$

(ii) $\begin{pmatrix} a & 0 & 0 \\ 0 & b & 0 \\ 0 & 0 & c \end{pmatrix}$.

Solution 19

(i) $\mathbf{A} = \begin{pmatrix} 1 & 0 & 0 \\ 0 & 2 & 0 \\ 0 & 0 & 3 \end{pmatrix}$

$\text{tr}\,\mathbf{A} = 1 + 2 + 3 = 6$

(ii) $\mathbf{B} = \begin{pmatrix} a & 0 & 0 \\ 0 & b & 0 \\ 0 & 0 & c \end{pmatrix}$.

$\text{tr}\,\mathbf{B} = a + b + c.$

Multiple or submultiple of a matrix.

$$\mathbf{A} = \begin{pmatrix} 1 & 2 \\ 3 & 4 \end{pmatrix}$$

$$k\mathbf{A} = \begin{pmatrix} k & 2k \\ 3k & 4k \end{pmatrix}$$

where k is constant value.

Observe that each element of the matrix is multiplied by the value k.

Worked Example 20

If $\mathbf{A} = \begin{pmatrix} 1 & 0 \\ 1 & -1 \end{pmatrix}$,

$$\mathbf{B} = \begin{pmatrix} -3 & 5 \\ 2 & 3 \\ 4 & 5 \end{pmatrix}.$$

$$\mathbf{C} = \begin{pmatrix} 1 & 0 \\ 0 & 1 \\ 1 & 0 \end{pmatrix}$$

Find

(i) 3**A**

(ii) 2**B** + 5**C**.

Solution 20

(i) $3\mathbf{A} = 3\begin{pmatrix} 1 & 0 \\ 1 & -1 \end{pmatrix} = \begin{pmatrix} 3 & 0 \\ 3 & -3 \end{pmatrix}$

(ii) $2\mathbf{B} + 5\mathbf{C} = 2\begin{pmatrix} -3 & 5 \\ 2 & 3 \\ 4 & 5 \end{pmatrix} + 5\begin{pmatrix} 1 & 0 \\ 0 & 1 \\ 1 & 0 \end{pmatrix}$

$$= \begin{pmatrix} -6 & 10 \\ 4 & 6 \\ 8 & 10 \end{pmatrix} + \begin{pmatrix} 5 & 0 \\ 0 & 5 \\ 5 & 0 \end{pmatrix}$$

$$= \begin{pmatrix} -1 & 10 \\ 4 & 11 \\ 13 & 10 \end{pmatrix}.$$

The product of two matrices (2 x 2).

$$\mathbf{A} = \begin{pmatrix} a_{11} & a_{12} \\ a_{21} & a_{22} \end{pmatrix}$$

$$\mathbf{B} = \begin{pmatrix} b_{11} & b_{12} \\ b_{21} & b_{22} \end{pmatrix}$$

$$\mathbf{AB} = \begin{pmatrix} a_{11} & a_{12} \\ a_{21} & a_{22} \end{pmatrix} \begin{pmatrix} b_{11} & b_{12} \\ b_{21} & b_{22} \end{pmatrix}$$

$$= \begin{pmatrix} a_{11}b_{11} + a_{12}b_{21} & a_{11}b_{12} + a_{12}b_{22} \\ a_{21}b_{11} + a_{22}b_{21} & a_{21}b_{12} + a_{22}b_{22} \end{pmatrix}.$$

Worked Example 21

If $\mathbf{A} = \begin{pmatrix} 2 & 1 \\ -1 & 3 \end{pmatrix}$ and $\mathbf{B} = \begin{pmatrix} -1 & 2 \\ 1 & -2 \end{pmatrix}$

Determine:

(i) **AB** and

(ii) **BA**.

Solution 21

(i) $\mathbf{AB} = \begin{pmatrix} 2 & 1 \\ -1 & 3 \end{pmatrix}\begin{pmatrix} -1 & 2 \\ 1 & -2 \end{pmatrix}$

$$= \begin{pmatrix} 2 \times (-1) + 1 \times 1 & 2 \times 2 + 1 \times (-2) \\ (-1) \times (-1) + 3 \times 1 & (-1) \times 2 + 3 \times (-2) \end{pmatrix}$$

$$= \begin{pmatrix} -2 + 1 & 4 - 2 \\ 1 + 3 & -2 - 6 \end{pmatrix}$$

$$= \begin{pmatrix} -1 & 2 \\ 4 & -8 \end{pmatrix}$$

(ii) **BA**

$$= \begin{pmatrix} -1 & 2 \\ 1 & -2 \end{pmatrix} \begin{pmatrix} 2 & 1 \\ -1 & 3 \end{pmatrix}$$

$$= \begin{pmatrix} (-1) \times 2 + 2 \times (-1) & (-1) \times 1 + 2 \times 3 \\ 1 \times 2 + (-2)(-1) & 1 \times 1 + (-2)3 \end{pmatrix}$$

$$= \begin{pmatrix} -2-2 & -1+6 \\ 2+2 & 1-6 \end{pmatrix} = \begin{pmatrix} -4 & 5 \\ 4 & -5 \end{pmatrix}$$

$$\mathbf{AB} = \begin{pmatrix} -1 & 2 \\ 4 & -8 \end{pmatrix} \quad \text{and} \quad \mathbf{BA} = \begin{pmatrix} -4 & 5 \\ 4 & -5 \end{pmatrix}.$$

The product of two matrices is, in general, non-commutative. That is $\mathbf{AB} \neq \mathbf{BA}$. The product of two matrices is more difficult than the addition and subtraction and great care should be taken into account to avoid arithmetic errors of directed numbers.

WORKED EXAMPLE 22

Determine **MN** and **MNP** if $\mathbf{M} = \begin{pmatrix} 1 & 0 \\ 2 & 1 \end{pmatrix}$,

$\mathbf{N} = \begin{pmatrix} 2 & -2 \\ 1 & 3 \end{pmatrix}$ and $\mathbf{P} = \begin{pmatrix} -3 & 1 \\ 1 & -2 \end{pmatrix}$.

Solution 22

$$\mathbf{MN} = \begin{pmatrix} 1 & 0 \\ 2 & 1 \end{pmatrix} \begin{pmatrix} 2 & -2 \\ 1 & 3 \end{pmatrix}$$

$$= \begin{pmatrix} 2+0 & -2+0 \\ 4+1 & -4+3 \end{pmatrix}$$

$$= \begin{pmatrix} 2 & -2 \\ 5 & -1 \end{pmatrix}$$

$\mathbf{MNP} = (\mathbf{MN})\mathbf{P}$

$$= \begin{pmatrix} 2 & -2 \\ 5 & -1 \end{pmatrix} \begin{pmatrix} -3 & 1 \\ 1 & -2 \end{pmatrix}$$

$$= \begin{pmatrix} 2 \times (-3) + (-2) \times 1 & 2 \times 1 + (-2)(-2) \\ 5 \times (-3) + (-1) \times 1 & 5 \times 1 + (-1)(-2) \end{pmatrix}$$

$$= \begin{pmatrix} -8 & 6 \\ -16 & 7 \end{pmatrix}.$$

In the previous examples we have used the product of two 2×2 matrices $(2 \times 2)(2 \times 2)$, observe that in order to multiply two matrices the inner two agreement answer order should agree and the answer of the result should be the outer two values.

In general $(m \times n)(n \times p)$ can be multiplied since the inner numbers n agree, and the answer will be of the order $m \times p$.

WORKED EXAMPLE 23

Find the product of **A** and **B** if $\mathbf{A} = \begin{pmatrix} 2 & 3 \\ 5 & 6 \end{pmatrix}$ and

$\mathbf{B} = \begin{pmatrix} 1 & 0 & 2 \\ -1 & 3 & -4 \end{pmatrix}$. Is **BA** defined?

Solution 23

The order of **A** is 2×2

the order of **B** is 2×3.

The matrices can be multiplied

$\mathbf{AB} = (2 \times 2)(2 \times 3)$

and the order of the result is 2×3.

$$\mathbf{AB} = \underset{2 \times 2}{\begin{pmatrix} 2 & 3 \\ 5 & 6 \end{pmatrix}} \underset{2 \times 3}{\begin{pmatrix} 1 & 0 & 2 \\ -1 & 3 & -4 \end{pmatrix}}$$

$$= \begin{pmatrix} 2 \times 1 + 3(-1) & 2 \times 0 + 3 \times 3 & 2 \times 2 + 3(-4) \\ 5 \times 1 + 6(-1) & 5 \times 0 + 6 \times 3 & 5 \times 2 + 6 \times (-4) \end{pmatrix}$$

$$= \underset{2 \times 3}{\begin{pmatrix} -1 & 9 & -8 \\ -1 & 18 & -14 \end{pmatrix}}$$

$$\mathbf{BA} = \underset{2 \times 3}{\begin{pmatrix} 1 & 0 & 2 \\ -1 & 3 & -4 \end{pmatrix}} \underset{2 \times 2}{\begin{pmatrix} 2 & 3 \\ 5 & 6 \end{pmatrix}}$$

disagreement

∴ **BA** cannot be defined.

The product of two matrices 3 x 3.

WORKED EXAMPLE 24

If $\mathbf{A} = \begin{pmatrix} 3 & -1 & 2 \\ -1 & 2 & 0 \\ 4 & -5 & 7 \end{pmatrix}$ and

$\mathbf{B} = \begin{pmatrix} 0 & 1 & 2 \\ 3 & 0 & 4 \\ 5 & 6 & 0 \end{pmatrix}$ find **AB** and **BA**.

Solution 24

A is 3 × 3 and **B** is 3 × 3 **AB** is defined and is of the order 3 × 3.

$$\mathbf{AB} = \begin{pmatrix} 3 & -1 & 2 \\ -1 & 2 & 0 \\ 4 & -5 & 7 \end{pmatrix} \begin{pmatrix} 0 & 1 & 2 \\ 3 & 0 & 4 \\ 5 & 6 & 0 \end{pmatrix}$$

$$= \begin{pmatrix} 3 \times 0 + (-1) \times 3 + 2 \times 5 & 3 \times 1 + (-1) \times 0 + 2 \times 6 & 3 \times 2 + (-1) \times 4 + 2 \times 0 \\ (-1) \times 0 + 2 \times 3 + 0 \times 5 & (-1)1 + 2 \times (0) + 0 \times 6 & (-1) \times 2 + 2 \times 4 + 0 \times 0 \\ 4 \times 0 + (-5) \times 3 + 7 \times 5 & 4 \times 1 + (-5) \times 0 + 7 \times 6 & 4 \times 2 + (-5)4 + 7 \times 0 \end{pmatrix}$$

$$= \begin{pmatrix} 7 & 15 & 2 \\ 6 & -1 & 6 \\ 20 & 46 & -12 \end{pmatrix}$$

$$\mathbf{BA} = \begin{pmatrix} 0 & 1 & 2 \\ 3 & 0 & 4 \\ 5 & 6 & 0 \end{pmatrix} \begin{pmatrix} 3 & -1 & 2 \\ -1 & 2 & 0 \\ 4 & -5 & 7 \end{pmatrix}$$

$$= \begin{pmatrix} -1+8 & 2-10 & 14 \\ 9+16 & -3-20 & 6+28 \\ 15-6 & -5+12 & 10 \end{pmatrix}$$

$$= \begin{pmatrix} 7 & -8 & 14 \\ 25 & -23 & 34 \\ 9 & 7 & 10 \end{pmatrix}$$

Unit matrix and the special property.

$\mathbf{I} = \begin{pmatrix} 1 & 0 \\ 0 & 1 \end{pmatrix}$ is a unit matrix. Pre-multiplying and post-multiplying any square 2 × 2 matrix by **I** the result remains unaltered.

If $\mathbf{M} = \begin{pmatrix} 3 & 4 \\ -2 & 1 \end{pmatrix}$, then

$$\mathbf{IM} = \begin{pmatrix} 1 & 0 \\ 0 & 1 \end{pmatrix} \begin{pmatrix} 3 & 4 \\ -2 & 1 \end{pmatrix}$$

$$= \begin{pmatrix} 1 \times 3 + 0 \times (-2) & 1 \times 4 + 0 \times 1 \\ 0 \times 3 + 1(-2) & 0 \times 4 + 1 \times 1 \end{pmatrix}$$

$$= \begin{pmatrix} 3 & 4 \\ -2 & 1 \end{pmatrix} \text{ and}$$

$$\mathbf{MI} = \begin{pmatrix} 3 & 4 \\ -2 & 1 \end{pmatrix} \begin{pmatrix} 1 & 0 \\ 0 & 1 \end{pmatrix}$$

$$= \begin{pmatrix} 3 \times 1 + 4 \times 0 & 3 \times 0 + 4 \times 1 \\ -2 \times 1 + 1 \times 0 & -2 \times 0 + 1 \times 1 \end{pmatrix}$$

$$= \begin{pmatrix} 3 & 4 \\ -2 & 1 \end{pmatrix}.$$

Minors and cofactors.

Consider the determinant

$$|\mathbf{A}| = \begin{vmatrix} a_{11} & a_{12} & a_{13} \\ a_{21} & a_{22} & a_{23} \\ a_{31} & a_{32} & a_{33} \end{vmatrix}$$

$$= a_{11} \begin{vmatrix} a_{22} & a_{23} \\ a_{32} & a_{33} \end{vmatrix} - a_{12} \begin{vmatrix} a_{21} & a_{23} \\ a_{31} & a_{33} \end{vmatrix} + a_{13} \begin{vmatrix} a_{21} & a_{22} \\ a_{31} & a_{32} \end{vmatrix}$$

$$= a_{11}M_{11} - a_{12}M_{12} + a_{13}M_{13}$$

where M_{11}, M_{12}, M_{13} are the second order determinants when the row and column containing a_{11}, a_{12}, a_{13} respectively, are deleted. These determinants, M_{11}, M_{12} and M_{13}, are called the minors of a_{11}, a_{12} and a_{13} respectively.

The determinant can be expanded about any row or about any column. The minors of the nine elements are the second order determinants.

For a_{11} is $M_{11} = \begin{vmatrix} a_{22} & a_{23} \\ a_{32} & a_{33} \end{vmatrix} = a_{22}a_{33} - a_{32}a_{23}$.

For a_{12} is $M_{12} = \begin{vmatrix} a_{21} & a_{23} \\ a_{31} & a_{33} \end{vmatrix} = a_{21}a_{33} - a_{31}a_{23}$.

For a_{13} is $M_{13} = \begin{vmatrix} a_{21} & a_{22} \\ a_{31} & a_{32} \end{vmatrix} = a_{21}a_{32} - a_{31}a_{22}$.

For a_{21} is $M_{21} = \begin{vmatrix} a_{12} & a_{13} \\ a_{32} & a_{33} \end{vmatrix} = a_{12}a_{33} - a_{32}a_{13}$.

For a_{22} is $M_{22} = \begin{vmatrix} a_{11} & a_{13} \\ a_{31} & a_{33} \end{vmatrix} = a_{11}a_{33} - a_{31}a_{13}$.

For a_{23} is $M_{23} = \begin{vmatrix} a_{11} & a_{12} \\ a_{31} & a_{32} \end{vmatrix} = a_{11}a_{32} - a_{31}a_{12}$.

For a_{31} is $M_{31} = \begin{vmatrix} a_{12} & a_{13} \\ a_{32} & a_{33} \end{vmatrix} = a_{12}a_{33} - a_{32}a_{13}$.

For a_{32} is $M_{32} = \begin{vmatrix} a_{11} & a_{13} \\ a_{21} & a_{23} \end{vmatrix} = a_{11}a_{23} - a_{21}a_{13}$.

For a_{33} is $M_{33} = \begin{vmatrix} a_{11} & a_{12} \\ a_{21} & a_{22} \end{vmatrix} = a_{11}a_{22} - a_{21}a_{12}$.

To find the cofactors, we start with the top left element with a positive sign and alternate it, such as

$$\begin{vmatrix} + & - & + \\ - & + & - \\ + & - & + \end{vmatrix}.$$

Matrix of the cofactors.

$$\mathbf{A}^* = \begin{vmatrix} M_{11} & -M_{12} & M_{13} \\ -M_{21} & M_{22} & -M_{23} \\ M_{31} & -M_{32} & M_{33} \end{vmatrix}$$

$$\text{if } \mathbf{A} = \begin{pmatrix} a_{11} & a_{12} & a_{13} \\ a_{21} & a_{22} & a_{23} \\ a_{31} & a_{32} & a_{33} \end{pmatrix}.$$

WORKED EXAMPLE 25

Find the matrix of the cofactors of

$$\mathbf{A} = \begin{pmatrix} 1 & 2 & -1 \\ 2 & -1 & 3 \\ 0 & 3 & -4 \end{pmatrix}.$$

Solution 25

$$\mathbf{A}^* = \begin{pmatrix} -5 & 8 & 6 \\ 5 & -4 & -3 \\ 5 & -5 & -5 \end{pmatrix}.$$

where $\mathbf{A}^*$ is the matrix of the cofactors.

The adjoint matrix.

The adjoint matrix is defined as the transpose of the matrix of its cofactors.

$$\text{adj } \mathbf{A} = \mathbf{A}^{*^{\mathrm{T}}} = \begin{pmatrix} M_{11} & -M_{21} & M_{31} \\ -M_{12} & M_{22} & -M_{32} \\ M_{13} & -M_{23} & M_{33} \end{pmatrix}.$$

Inverse or reciprocal matrix.

The inverse or reciprocal matrix is denoted by $\mathbf{A}^{-1}$. Post or pre-multiplication of the matrices and their inverses is commutative, that is

$$\mathbf{A}\mathbf{A}^{-1} = \mathbf{A}^{-1}\mathbf{A} = \mathbf{I}$$

$$\mathbf{A}^{-1} \text{ is defined as } \frac{\text{the adjoint matrix of } \mathbf{A}}{\text{determinant of } \mathbf{A}}$$

$$\mathbf{A}^{-1} = \frac{\text{adj } \mathbf{A}}{|\mathbf{A}|} = \frac{\mathbf{A}^{*^{\mathrm{T}}}}{|\mathbf{A}|}$$

If $|\mathbf{A}| = 0$, that is $\mathbf{A}$ is singular, then $\mathbf{A}^{-1}$ is not defined.

The inverse of a matrix.

We have seen how to add, to substract and to multiply matrices, now we have to show how to divide two matrices.

To find the inverse matrix of A.

STEP I

$\mathbf{A}^* = \mathbf{A}$ star (read as)

$\mathbf{A}^*$ denotes the cofactors of the elements of the matrix $\mathbf{A}$.

If $\mathbf{A} = \begin{pmatrix} a_{11} & a_{12} \\ a_{21} & a_{22} \end{pmatrix}$ the elements are a_{11}, a_{12}, a_{21} and a_{22}.

The minor of the element a_{11} is found by deleting the new row containing a_{11} and deleting the column containing a_{11} thus the minor of a_{11} is a_{22}.

$$\begin{matrix} a_{11} & a_{12} \\ a_{21} & a_{22} \end{matrix}$$

The minor of a_{12} is a_{21} since

$$\begin{matrix} a_{11} & a_{12} \\ a_{21} & a_{22} \end{matrix}$$

The minor of a_{21} is a_{12} since

$$\begin{matrix} a_{11} & a_{12} \\ a_{21} & a_{22} \end{matrix}$$

and the minor of a_{22} is a_{11} since

$$\begin{matrix} a_{11} & a_{12} \\ a_{21} & a_{22} \end{matrix}$$

The minors of $\mathbf{A}$ are $\begin{pmatrix} a_{22} & a_{21} \\ a_{12} & a_{11} \end{pmatrix}$.

The cofactor of $\mathbf{A}$ are found by writing plus and minus alternatively starting with a plus at the upper left.

Therefore $\mathbf{A}^* = \begin{pmatrix} a_{22} & -a_{21} \\ -a_{12} & a_{11} \end{pmatrix}$

STEP II

$\mathbf{a}^{*^{\mathrm{T}}}$ Transpose of $\mathbf{A}^*$, that is, the columns are written as rows and the rows as columns.

$$\mathbf{a}^{*^{\mathrm{T}}} = \begin{pmatrix} a_{22} & -a_{12} \\ -a_{21} & a_{11} \end{pmatrix}$$

$\mathbf{a}^{*^{\mathrm{T}}}$ is called the adjoint matrix of $\mathbf{A}$.

STEP III

Finally to obtain the inverse matrix of $\mathbf{A}$, we divide the adjoint matrix of $\mathbf{A}$ by the determinant of $\mathbf{A}$.

$$\mathbf{A}^{-1} = \frac{\mathbf{A}^{*^{T}}}{|\mathbf{A}|}$$

WORKED EXAMPLE 26

Find the inverse matrix of the $\mathbf{A} = \begin{pmatrix} 3 & -1 \\ -4 & 3 \end{pmatrix}$.

Solution 26

STEP I

The minors of $\mathbf{A} = \begin{pmatrix} 3 & -4 \\ -1 & 3 \end{pmatrix}$.

The cofactors of $\mathbf{A} = \mathbf{A}^* = \begin{pmatrix} 3 & 4 \\ 1 & 3 \end{pmatrix}$.

STEP II

$\mathbf{A} = \mathbf{A}^{*^{\mathrm{T}}} = \begin{pmatrix} 3 & 1 \\ 4 & 3 \end{pmatrix}$.

The adjoint matrix of

STEP III

$$\mathbf{A}^{-1} = \frac{\mathbf{A}^{*^{\mathrm{T}}}}{|\mathbf{A}|}$$

$$|\mathbf{A}| = \begin{vmatrix} 3 & -1 \\ -4 & 3 \end{vmatrix} = 3 \times 3 - 1 \times 4 = 9 - 4 = 5$$

$$\mathbf{A}^{-1} = \frac{\begin{pmatrix} 3 & 1 \\ 4 & 3 \end{pmatrix}}{5} = \begin{pmatrix} \frac{3}{5} & \frac{1}{5} \\ \frac{4}{5} & \frac{3}{5} \end{pmatrix}$$

WORKED EXAMPLE 27

If $\mathbf{A} = \begin{pmatrix} 3 & -1 \\ -4 & 3 \end{pmatrix}$ and $\mathbf{B} = \begin{pmatrix} \frac{3}{5} & \frac{1}{5} \\ \frac{4}{5} & \frac{3}{5} \end{pmatrix}$

Find **AB**.

Solution 27

$$\mathbf{AB} = \begin{pmatrix} 3 & -1 \\ -4 & 3 \end{pmatrix} \begin{pmatrix} \frac{3}{5} & \frac{1}{5} \\ \frac{4}{5} & \frac{3}{5} \end{pmatrix}$$

$$= \begin{pmatrix} \frac{9}{5} - \frac{4}{5} & \frac{3}{5} - \frac{3}{5} \\ -\frac{12}{5} + \frac{12}{5} & -\frac{4}{5} + \frac{9}{5} \end{pmatrix} = \begin{pmatrix} 1 & 0 \\ 0 & 1 \end{pmatrix}$$

$$\mathbf{AB} = \begin{pmatrix} 1 & 0 \\ 0 & 1 \end{pmatrix} = \mathbf{I} = \text{unit matrix.}$$

The use of finding the inverse matrix is to multiply the matrix **A** by its inverse and find that ($\mathbf{AA}^{-1} = \mathbf{I}$) it is equal to unit matrix.

WORKED EXAMPLE 28

$$\mathbf{A} = \begin{pmatrix} 1 & -2 & 3 \\ -2 & 3 & 1 \\ 4 & -1 & -2 \end{pmatrix}.$$

Find $\mathbf{A}^{-1}$, and check that $\mathbf{A}^{-1}.\mathbf{A} = \mathbf{I} = \mathbf{AA}^{-1}$.

Solution 28

$$\mathbf{A} = \begin{pmatrix} 1 & -2 & 3 \\ -2 & 3 & 1 \\ 4 & -1 & -2 \end{pmatrix}$$

$$\text{MINORS of } \mathbf{A} = \begin{pmatrix} -5 & 0 & -10 \\ 7 & -14 & 7 \\ -11 & 7 & -1 \end{pmatrix}$$

$$\text{COFACTORS of } \mathbf{A} = \mathbf{A}^* = \begin{pmatrix} -5 & 0 & -10 \\ -7 & -14 & -7 \\ -11 & -7 & -1 \end{pmatrix}$$

$$\text{Adj } \mathbf{A} = \mathbf{A}^{*^{\mathrm{T}}} = \begin{pmatrix} -5 & -7 & -11 \\ 0 & -14 & -7 \\ -10 & -7 & -1 \end{pmatrix}$$

TRANSPOSE OF THE COFACTORS OF A

$$|\mathbf{A}| = \begin{vmatrix} 1 & -2 & 3 \\ -2 & 3 & 1 \\ 4 & -1 & -2 \end{vmatrix}$$

$$= 1\begin{vmatrix} 3 & 1 \\ -1 & -2 \end{vmatrix} + 2\begin{vmatrix} -2 & 1 \\ 4 & -2 \end{vmatrix} + 3\begin{vmatrix} -2 & 3 \\ 4 & -1 \end{vmatrix}$$

$$= (-6 + 1) + 2(4 - 4) + 3(2 - 12)$$

$$= -5 - 30 = -35$$

$$\mathbf{A}^{-1} = \frac{\mathbf{A}^{*^{\mathrm{T}}}}{|\mathbf{A}|} = \frac{1}{-35} \begin{pmatrix} -5 & -7 & -11 \\ 0 & -14 & -7 \\ -10 & -7 & -1 \end{pmatrix}$$

$$= \frac{1}{35} \begin{pmatrix} 5 & 7 & 11 \\ 0 & 14 & 7 \\ 10 & 7 & 1 \end{pmatrix}$$

$$A^{-1} \cdot A = \frac{1}{35}\begin{pmatrix} 5 & 7 & 11 \\ 0 & 14 & 7 \\ 10 & 7 & 1 \end{pmatrix}\begin{pmatrix} 1 & -2 & 3 \\ -2 & 3 & 1 \\ 4 & -1 & -2 \end{pmatrix}$$

$$= \frac{1}{35}\begin{pmatrix} 35 & 0 & 0 \\ 0 & 35 & 0 \\ 0 & 0 & 35 \end{pmatrix}$$

$$= \begin{pmatrix} 1 & 0 & 0 \\ 0 & 1 & 0 \\ 0 & 0 & 1 \end{pmatrix} = I$$

WORKED EXAMPLE 29

If $A = \begin{pmatrix} -1 & 2 \\ -2 & -3 \end{pmatrix}$ and $B = \begin{pmatrix} 1 & 2 \\ 3 & 4 \end{pmatrix}$

Find

(i) **AB**

(ii) **BA**.

Solution 29

(i) $$AB = \begin{pmatrix} -1 & 2 \\ -2 & -3 \end{pmatrix}\begin{pmatrix} 1 & 2 \\ 3 & 4 \end{pmatrix}$$

$$= \begin{pmatrix} (-1)(1) + (2)(3) & (-1)(2) + (2)(4) \\ (-2)(1) + (-3)(3) & (-2)(2) + (-3)(4) \end{pmatrix}$$

$$= \begin{pmatrix} -1+6 & -2+8 \\ -2-9 & -4-12 \end{pmatrix}$$

$$= \begin{pmatrix} 5 & 6 \\ -11 & -16 \end{pmatrix}$$

(ii) $$BA = \begin{pmatrix} 1 & 2 \\ 3 & 4 \end{pmatrix}\begin{pmatrix} -1 & 2 \\ -2 & -3 \end{pmatrix}$$

$$= \begin{pmatrix} (1)(-1) + (2)(-2) & (1)(2) - (2)(3) \\ (3)(-1) + (4)(-2) & (3)(2) + (4)(-3) \end{pmatrix}$$

$$= \begin{pmatrix} -1-4 & 2-6 \\ -3-8 & 6-12 \end{pmatrix}$$

$$= \begin{pmatrix} -5 & -4 \\ -11 & -6 \end{pmatrix}.$$

Note that **AB** is not equal to **BA**

$AB \neq BA$.

WORKED EXAMPLE 30

$$A = \begin{pmatrix} 3 & 7 \\ 5 & -6 \end{pmatrix},$$

$$B = \begin{pmatrix} 1 & 0 \\ 0 & 1 \end{pmatrix},$$

$$C = \begin{pmatrix} 0 & 0 \\ 0 & 0 \end{pmatrix}$$

Find

(i) **AB**

(ii) **BA**

(iii) **AC**

(iv) **CB**

Solution 30

(i) $$AB = \begin{pmatrix} 3 & 7 \\ 5 & -6 \end{pmatrix}\begin{pmatrix} 1 & 0 \\ 0 & 1 \end{pmatrix}$$

$$= \begin{pmatrix} 3 \times 1 + 7 \times 0 & 3 \times 0 + 7 \times 1 \\ 5 \times 1 + (-6) \times 0 & 5 \times 0 + (-6)(1) \end{pmatrix}$$

$$= \begin{pmatrix} 3 & 7 \\ 5 & -6 \end{pmatrix}.$$

Note that $AB = A$.

(ii) $$BA = \begin{pmatrix} 1 & 0 \\ 0 & 1 \end{pmatrix}\begin{pmatrix} 3 & 7 \\ 5 & -6 \end{pmatrix}$$

$$= \begin{pmatrix} 1 \times 3 + 0 \times 5 & 1 \times 7 + 0(-6) \\ 0 \times 3 + 1 \times 5 & 0 \times 7 + 1(-6) \end{pmatrix}$$

$$= \begin{pmatrix} 3 & 7 \\ 5 & -6 \end{pmatrix}.$$

Note that $BA = A$.

(iii) $$AC = \begin{pmatrix} 3 & 7 \\ 5 & -6 \end{pmatrix}\begin{pmatrix} 0 & 0 \\ 0 & 0 \end{pmatrix}$$

$$= \begin{pmatrix} 3 \times 0 + 7 \times 0 & 3 \times 0 + 7 \times 0 \\ 5 \times 0 + (-6) \times 0 & 5 \times 0 + (-6) \times 0 \end{pmatrix}$$

$$= \begin{pmatrix} 0 & 0 \\ 0 & 0 \end{pmatrix}.$$

Note that $AC = C$.

(iv) $\mathbf{CB} = \begin{pmatrix} 0 & 0 \\ 0 & 0 \end{pmatrix}\begin{pmatrix} 1 & 0 \\ 0 & 1 \end{pmatrix}$

$$= \begin{pmatrix} 0\times 1+0\times 0 & 0\times 0+0\times 1 \\ 0\times 1+0\times 0 & 0\times 0+0\times 1 \end{pmatrix}$$

$$= \begin{pmatrix} 0 & 0 \\ 0 & 0 \end{pmatrix}.$$

Note that $\mathbf{CB} = \mathbf{C}$.

Demonstrates that the product of two matrices is in general, non-commutative.

We have already demonstrated that **AB** is not equal to **BA**, that is,

$\mathbf{AB} \neq \mathbf{BA}$.

If $\mathbf{A} = \begin{pmatrix} 1 & 2 \\ -2 & -1 \end{pmatrix}$ and $\mathbf{B} = \begin{pmatrix} 2 & 3 \\ 1 & 1 \end{pmatrix}$

$$\mathbf{AB} = \begin{pmatrix} 1 & 2 \\ -2 & -1 \end{pmatrix}\begin{pmatrix} 2 & 3 \\ 1 & 1 \end{pmatrix}$$

$$= \begin{pmatrix} 1\times 2+2\times 1 & 1\times 3+2\times 1 \\ (-2)\times 2+(-1)(1) & (-2)(3)+(-1)(1) \end{pmatrix}$$

$$= \begin{pmatrix} 4 & 5 \\ -5 & -7 \end{pmatrix}$$

$$\mathbf{BA} = \begin{pmatrix} 2 & 3 \\ 1 & 1 \end{pmatrix}\begin{pmatrix} 1 & 2 \\ -2 & -1 \end{pmatrix}$$

$$= \begin{pmatrix} 2\times 1+3(-2) & 2\times 2+3(-1) \\ 1\times 1+1\times(-2) & 1\times 2+(1)(-1) \end{pmatrix}$$

$$= \begin{pmatrix} -4 & 1 \\ -1 & 1 \end{pmatrix}$$

therefore $\mathbf{AB} \neq \mathbf{BA}$ and the product of two matrices is, in general, non commutative. But we have seen that if **B** is unit matrix and **A** is a matrix of different elements then $\mathbf{AB} = \mathbf{A}$ and $\mathbf{BA} = \mathbf{A}$, in the case $\mathbf{AB} = \mathbf{BA}$.

Singular Matrix

A singular matrix is a matrix whose determinant is zero.

If $\mathbf{M} = \begin{pmatrix} a_{11} & a_{12} \\ a_{21} & a_{22} \end{pmatrix}$ then $|\mathbf{M}| = 0$.

WORKED EXAMPLE 31

Find the value of a so that the det $\begin{pmatrix} 1 & 3 \\ 2 & a \end{pmatrix} = 0$. What is the matrix in this case?

Solution 31

$$\det\begin{pmatrix} 1 & 3 \\ 2 & a \end{pmatrix} = 0$$

$$\begin{vmatrix} 1 & 3 \\ 2 & a \end{vmatrix} = 0$$

$$a - 6 = 0$$

$$\boxed{a = 6}$$

The matrix $\begin{pmatrix} 1 & 3 \\ 2 & 6 \end{pmatrix}$ is singular.

WORKED EXAMPLE 32

$$\mathbf{A} = \begin{pmatrix} -1 & 2 & 3 \\ -3 & x & -1 \\ 4 & 1 & 2 \end{pmatrix}.$$

Given that **A** is singular, find the value of x.

Solution 32

$$|\mathbf{A}| = -1\begin{vmatrix} x & -1 \\ 1 & 2 \end{vmatrix} - 2\begin{vmatrix} -3 & -1 \\ 4 & 2 \end{vmatrix} + 3\begin{vmatrix} -3 & x \\ 4 & 1 \end{vmatrix}$$

$$= -(2x+1) - 2(-6+4) + 3(-3-4x)$$

For the matrix **A** to be singular, the determinant is zero, $|\mathbf{A}| = 0$.

$$-2x - 1 + 4 - 9 - 12x = 0$$

$$-14x = 6$$

$$\boxed{x = -\frac{3}{7}}.$$

WORKED EXAMPLE 33

$$\mathbf{B} = \begin{pmatrix} 1 & 2 & 3 \\ x & 2x & 3x \\ -1 & -4 & 1 \end{pmatrix}.$$

Given that **B** is singular, find the value of x.

Solution 33

$$|\mathbf{B}| = \begin{vmatrix} 1 & 2 & 3 \\ x & 2x & 3x \\ -1 & -4 & 1 \end{vmatrix}$$

$$= 1\begin{vmatrix} 2x & 3x \\ -4 & 1 \end{vmatrix} - 2\begin{vmatrix} x & 3x \\ -1 & 1 \end{vmatrix} + 3\begin{vmatrix} x & 2x \\ -1 & -4 \end{vmatrix}$$

$$= 2x + 12x - 2(x + 3x) + 3(-4x + 2x)$$

$$= 14x - 2x - 6x - 6x = 0.$$

The determinant is zero for all values of x.

$$\begin{vmatrix} 1 & 2 & 3 \\ x & 2x & 3x \\ -1 & -4 & 1 \end{vmatrix} = x\begin{vmatrix} 1 & 2 & 3 \\ 1 & 2 & 3 \\ -1 & -4 & 1 \end{vmatrix} = x(0) = 0$$

factorising, we observe that two rows are identical, therefore the det $\mathbf{B} = 0$.

Solve simultaneous linear equations with two unknowns by means of matrices.

Solve $3x - y = 9$

$-4x + 3y = -7$

by means of matrices.

In matrix form these two equations may be written as

$$\begin{pmatrix} 3 & -1 \\ -4 & 3 \end{pmatrix}\begin{pmatrix} x \\ y \end{pmatrix} = \begin{pmatrix} 9 \\ -7 \end{pmatrix}.$$

Checking by finding the product of the left hand side.

$$\begin{pmatrix} 3 & -1 \\ -4 & 3 \end{pmatrix}\begin{pmatrix} x \\ y \end{pmatrix} = \begin{pmatrix} 3x & -y \\ -4x & +3y \end{pmatrix}$$

$$2 \times 2 \qquad 2 \times 1 \qquad 2 \times 2$$

the answer is obtained by equating the matrices

$$\begin{pmatrix} 3x - y \\ -4x + 3y \end{pmatrix} = \begin{pmatrix} 9 \\ -7 \end{pmatrix},$$

we have $3x - y = 9$

$-4x + 3y = -7$

$$\begin{pmatrix} 3 & -1 \\ -4 & 3 \end{pmatrix}\begin{pmatrix} x \\ y \end{pmatrix} = \begin{pmatrix} 9 \\ -7 \end{pmatrix}.$$

If $\mathbf{A} = \begin{pmatrix} 3 & -1 \\ -4 & 3 \end{pmatrix}$ then $\mathbf{A}^{-1} = \begin{pmatrix} \frac{3}{5} & \frac{1}{5} \\ \frac{4}{5} & \frac{3}{5} \end{pmatrix}$

premultiply each side above by $\mathbf{A}^{-1}$

$$\mathbf{A}^{-1}\begin{pmatrix} 3 & -1 \\ -4 & 3 \end{pmatrix}\begin{pmatrix} x \\ y \end{pmatrix} = \mathbf{A}^{-1}\begin{pmatrix} 9 \\ -7 \end{pmatrix}.$$

$$\mathbf{I}\begin{pmatrix} x \\ y \end{pmatrix} = \begin{pmatrix} \frac{3}{5} & \frac{1}{5} \\ \frac{4}{5} & \frac{3}{5} \end{pmatrix}\begin{pmatrix} 9 \\ -7 \end{pmatrix}$$

$$\begin{pmatrix} x \\ y \end{pmatrix} = \begin{pmatrix} \frac{27}{5} - \frac{7}{5} \\ \frac{36}{5} - \frac{21}{5} \end{pmatrix} = \begin{pmatrix} \frac{20}{5} \\ \frac{15}{5} \end{pmatrix}$$

$$\begin{pmatrix} x \\ y \end{pmatrix} = \begin{pmatrix} 4 \\ 3 \end{pmatrix}$$

$x = 4$,

$y = 3$.

WORKED EXAMPLE 34

Determine the inverse matrix of:

$$\begin{pmatrix} 5 & 4 \\ 2 & -3 \end{pmatrix}.$$

Solution 34

$$\mathbf{A} = \begin{pmatrix} 5 & 4 \\ 2 & -3 \end{pmatrix}.$$

The minors $= \begin{pmatrix} -3 & 2 \\ 4 & 5 \end{pmatrix}$

the cofactors $= \begin{pmatrix} -3 & -2 \\ -4 & 5 \end{pmatrix}$,

the transpose of the cofactors $= \begin{pmatrix} -3 & -4 \\ -2 & 5 \end{pmatrix}$

$$\mathbf{A}^{-1} = \frac{\begin{pmatrix} -3 & -4 \\ -2 & 5 \end{pmatrix}}{\begin{vmatrix} 5 & 4 \\ 2 & -3 \end{vmatrix}} = \frac{1}{(-15 - 8)}\begin{pmatrix} -3 & -4 \\ -2 & 5 \end{pmatrix}$$

$$= \frac{-1}{23}\begin{pmatrix} -3 & -4 \\ -2 & 5 \end{pmatrix}$$

$$\mathbf{A}^{-1} = \begin{pmatrix} \frac{3}{23} & \frac{4}{23} \\ \frac{2}{23} & -\frac{5}{23} \end{pmatrix}.$$

WORKED EXAMPLE 35

Solve the simultaneous equations.

$$5x + 4y = -2$$
$$2x - 3y = 13$$

by means of matrices.

Solution 35

The equation can be written in matrix form as:

$$\begin{pmatrix} 5 & 4 \\ 2 & -3 \end{pmatrix}\begin{pmatrix} x \\ y \end{pmatrix} = \begin{pmatrix} -2 \\ 13 \end{pmatrix}. \quad \ldots(1)$$

Let $\mathbf{A} = \begin{pmatrix} 5 & 4 \\ 2 & -3 \end{pmatrix}$ its inverse matrix is

$$\mathbf{A}^{-1} = \begin{pmatrix} \frac{3}{23} & \frac{4}{23} \\ \frac{2}{23} & -\frac{5}{23} \end{pmatrix}.$$

Pre-multiplying each side of (1) by $\mathbf{A}^{-1}$

$$\begin{pmatrix} \frac{3}{23} & \frac{4}{23} \\ \frac{2}{23} & -\frac{5}{23} \end{pmatrix}\begin{pmatrix} 5 & 4 \\ 2 & -3 \end{pmatrix}\begin{pmatrix} x \\ y \end{pmatrix}$$

$$= \begin{pmatrix} \frac{3}{23} & \frac{4}{23} \\ \frac{2}{23} & -\frac{5}{23} \end{pmatrix}\begin{pmatrix} -2 \\ 13 \end{pmatrix}.$$

$$\begin{pmatrix} \left(\frac{3}{23}\right) \times 5 + \left(\frac{4}{23}\right) \times 2 & \left(\frac{3}{23}\right) \times 4 + \left(\frac{4}{23}\right)(-3) \\ \left(\frac{2}{23}\right) \times 5 + \left(-\frac{5}{23}\right) \times 2 & \left(\frac{2}{23}\right) \times 4 + \left(-\frac{5}{23}\right)(-3) \end{pmatrix}\begin{pmatrix} x \\ y \end{pmatrix}$$

$$= \begin{pmatrix} -\frac{6}{23} + \frac{52}{23} \\ -\frac{4}{23} - \frac{65}{23} \end{pmatrix} = \begin{pmatrix} \frac{46}{23} \\ -\frac{69}{23} \end{pmatrix}$$

$$\begin{pmatrix} 1 & 0 \\ 0 & 1 \end{pmatrix}\begin{pmatrix} x \\ y \end{pmatrix} = \begin{pmatrix} \frac{46}{23} \\ -\frac{69}{23} \end{pmatrix}$$

$$\begin{pmatrix} x \\ y \end{pmatrix} = \begin{pmatrix} 2 \\ -3 \end{pmatrix}$$

$x = 2$

$y = -3.$

WORKED EXAMPLE 36

To solve the simultaneously the equations using matrices.

$$x + 2y + 3z = 5$$
$$x - y - z = 0$$
$$4x + 5y + 6z = 11$$

Solution 36

The equations can be written in matrix form

$$\begin{pmatrix} 1 & 2 & 3 \\ 1 & -1 & -1 \\ 4 & 5 & 6 \end{pmatrix}\begin{pmatrix} x \\ y \\ z \end{pmatrix} = \begin{pmatrix} 5 \\ 0 \\ 11 \end{pmatrix}$$

Let $\mathbf{M} = \begin{pmatrix} 1 & 2 & 3 \\ 1 & -1 & -1 \\ 4 & 5 & 6 \end{pmatrix}$.

The minors of the elements are given correspondingly:

$$\begin{vmatrix} -1 & -1 \\ 5 & 6 \end{vmatrix} = -1, \begin{vmatrix} 1 & -1 \\ 4 & 6 \end{vmatrix} = 10,$$

$$\begin{vmatrix} 1 & -1 \\ 4 & 5 \end{vmatrix} = 5 + 4 = 9$$

$$\begin{vmatrix} 2 & 3 \\ 5 & 6 \end{vmatrix} = -3, \begin{vmatrix} 1 & 3 \\ 4 & 6 \end{vmatrix} = -6,$$

$$\begin{vmatrix} 1 & 2 \\ 4 & 5 \end{vmatrix} = 5 - 8 = -3$$

$$\begin{vmatrix} 2 & 3 \\ -1 & -1 \end{vmatrix} = 1, \begin{vmatrix} 1 & 3 \\ 1 & -1 \end{vmatrix} = -4,$$

$$\begin{vmatrix} 1 & 2 \\ 1 & -1 \end{vmatrix} = -1 - 2 = -3.$$

Therefore the minors of the elements 1, 2, 3, 1, −1, −1, 4, 5 and 6 are correspondingly −1, 10, 9, −3, −6, −3, 1, −4, −3. The cofactors of **M** are given by

$$\mathbf{M}^* = \begin{pmatrix} -1 & -10 & 9 \\ 3 & -6 & 3 \\ 1 & 4 & -3 \end{pmatrix}$$

$$\text{adj } \mathbf{M} = \mathbf{M}^{*^{\mathrm{T}}}$$

$$\mathbf{M}^{*^{\mathrm{T}}} = \begin{pmatrix} -1 & 3 & 1 \\ -10 & -6 & 4 \\ 9 & 3 & -3 \end{pmatrix}$$

$$|\mathbf{M}| = \begin{vmatrix} 1 & 2 & 3 \\ 1 & -1 & -1 \\ 4 & 5 & 6 \end{vmatrix}$$

$$= \begin{vmatrix} -1 & -1 \\ 5 & 6 \end{vmatrix} - 2\begin{vmatrix} 1 & -1 \\ 4 & 6 \end{vmatrix} + 3\begin{vmatrix} 1 & -1 \\ 4 & 5 \end{vmatrix}$$

$$= (-6+5) - 2(6+4) + 3(5+4)$$

$$= -1 - 20 + 27 = 6$$

$$\mathbf{M}^{-1} = \frac{\mathbf{M}^{*^{\mathrm{T}}}}{|\mathbf{M}|}$$

$$= \begin{pmatrix} -\frac{1}{6} & \frac{3}{6} & \frac{1}{6} \\ -\frac{10}{6} & -\frac{6}{6} & \frac{4}{6} \\ \frac{9}{6} & \frac{3}{6} & -\frac{3}{6} \end{pmatrix} = \begin{pmatrix} -\frac{1}{6} & \frac{1}{2} & \frac{1}{6} \\ -\frac{5}{3} & -1 & \frac{2}{3} \\ \frac{3}{2} & \frac{1}{2} & -\frac{1}{2} \end{pmatrix}$$

$$\begin{pmatrix} -\frac{1}{6} & \frac{1}{2} & \frac{1}{6} \\ -\frac{5}{3} & -1 & \frac{2}{3} \\ \frac{3}{2} & \frac{1}{2} & -\frac{1}{2} \end{pmatrix} \begin{pmatrix} 1 & 2 & 3 \\ 1 & -1 & -1 \\ 4 & 5 & 6 \end{pmatrix} \begin{pmatrix} x \\ y \\ z \end{pmatrix}$$

$$= \begin{pmatrix} -\frac{1}{6} & \frac{1}{2} & \frac{1}{6} \\ -\frac{5}{3} & -1 & \frac{2}{3} \\ \frac{3}{2} & \frac{1}{2} & -\frac{1}{2} \end{pmatrix} \begin{pmatrix} 5 \\ 0 \\ 11 \end{pmatrix}$$

$$\mathbf{M}^{-1} \quad \mathbf{M} \quad \mathbf{X} = \mathbf{M}^{-1} \quad \mathbf{K}$$

$$\mathbf{M}^{-1}\mathbf{M} = \mathbf{I}$$

check that $\mathbf{M}^{-1}\mathbf{M} = \mathbf{I}$

$$= \begin{pmatrix} -\frac{1}{6} & \frac{1}{2} & \frac{1}{6} \\ -\frac{5}{3} & -1 & \frac{2}{3} \\ \frac{3}{2} & \frac{1}{2} & -\frac{1}{2} \end{pmatrix} \begin{pmatrix} 1 & 2 & 3 \\ 1 & -1 & -1 \\ 4 & 5 & 6 \end{pmatrix}$$

$$= \begin{pmatrix} -\frac{1}{6} + \frac{1}{2} + \frac{4}{6} & 0 & 0 \\ 0 & -\frac{10}{3} + 1 + \frac{10}{3} & 0 \\ 0 & 0 & \frac{9}{2} - \frac{1}{2} - \frac{6}{2} \end{pmatrix}$$

$$= \begin{pmatrix} 1 & 0 & 0 \\ 0 & 1 & 0 \\ 0 & 0 & 1 \end{pmatrix}.$$

Therefore

$$\begin{pmatrix} x \\ y \\ z \end{pmatrix} = \begin{pmatrix} -\frac{5}{6} + \frac{11}{6} \\ -\frac{25}{3} + \frac{22}{3} \\ \frac{15}{2} - \frac{11}{2} \end{pmatrix} = \begin{pmatrix} 1 \\ -1 \\ 2 \end{pmatrix}$$

$\boxed{x = 1}$ $\boxed{y = -1}$ $\boxed{z = 2}$

WORKED EXAMPLE 37

Solve the simultaneous equations

$$2x - 3y + z + 1 = 0$$
$$x + 2y - 2z - 8 = 0$$
$$3x - 8y + 3z + 8 = 0$$

using matrices.

Solution 37

The above equation can be written

$$\begin{pmatrix} 2 & -3 & 1 \\ 1 & 2 & -2 \\ 3 & -8 & 3 \end{pmatrix} \begin{pmatrix} x \\ y \\ z \end{pmatrix} = \begin{pmatrix} -1 \\ 8 \\ -8 \end{pmatrix}$$

$$\mathbf{M} = \begin{pmatrix} 2 & -3 & 1 \\ 1 & 2 & -2 \\ 3 & -8 & 3 \end{pmatrix}$$

$$\mathbf{M}^* = \begin{pmatrix} -10 & -9 & -14 \\ 1 & 3 & 7 \\ 4 & 5 & 7 \end{pmatrix}$$

$$\mathbf{M}^{*\mathrm{T}} = \begin{pmatrix} -10 & 1 & 4 \\ -9 & 3 & 5 \\ -14 & 7 & 7 \end{pmatrix}$$

$$|\mathbf{M}| = 2(-10) + 3(9) - 14 = -20 + 27 - 14 = -7$$

$$\mathbf{M}^{-1} = \frac{\mathbf{M}^{*\mathrm{T}}}{|\mathbf{M}|} = \begin{pmatrix} +\frac{10}{7} & -\frac{1}{7} & -\frac{4}{7} \\ \frac{9}{7} & -\frac{3}{7} & -\frac{5}{7} \\ 2 & -1 & -1 \end{pmatrix}$$

$$\begin{pmatrix} x \\ y \\ z \end{pmatrix} = \begin{pmatrix} \frac{10}{7} & -\frac{1}{7} & -\frac{4}{7} \\ \frac{9}{7} & -\frac{3}{7} & -\frac{5}{7} \\ 2 & -1 & -1 \end{pmatrix} \begin{pmatrix} -1 \\ 8 \\ -8 \end{pmatrix}$$

$$= \begin{pmatrix} -\frac{10}{7} - \frac{8}{7} + \frac{32}{7} \\ -\frac{9}{7} - \frac{24}{7} + \frac{40}{7} \\ -2 - 8 + 8 \end{pmatrix} = \begin{pmatrix} 2 \\ 1 \\ -2 \end{pmatrix}$$

$\boxed{x = 2}$ $\boxed{y = 1}$ $\boxed{z = -2}$

Applications.

Relates the use of matrices to simple technical problems.

An example using h-parameters.

The hybrid parameters or h-parameters of a network are given in a matrix form as

$$\begin{pmatrix} h_{11} & h_{12} \\ h_{21} & h_{22} \end{pmatrix}.$$

The input voltage and the output current of a network are expressed in terms of the input current and the output voltage.

$$V_1 = I_1 h_{11} + h_{12} V_2$$

$$I_2 = I_1 h_{21} + h_{22} V_2$$

these equations can be written in matrix form as

$$\begin{pmatrix} V_1 \\ I_2 \end{pmatrix} = \begin{pmatrix} h_{11} & h_{12} \\ h_{21} & h_{22} \end{pmatrix} \begin{pmatrix} I_1 \\ V_2 \end{pmatrix}.$$

The a.c. equivalent circuit of an a.c. amplifier using h-parameters is given

$$V_{\mathrm{be}} = h_{\mathrm{ie}} i_{\mathrm{b}} + h_{\mathrm{re}} V_{\mathrm{ce}}$$

$$i_{\mathrm{e}} = h_{\mathrm{re}} i_{\mathrm{b}} + h_{\mathrm{oe}} V_{\mathrm{ce}}$$

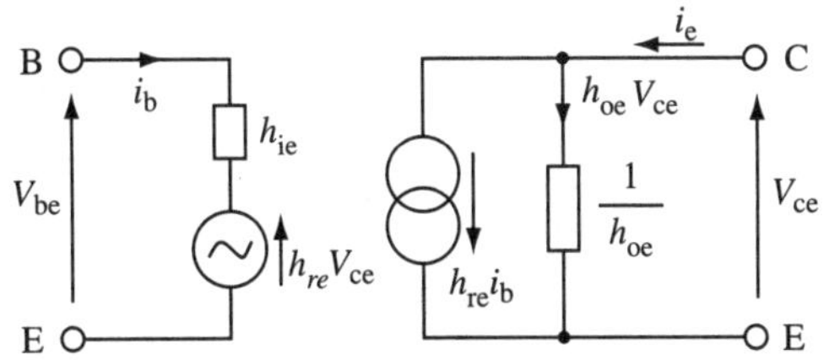

Fig. 9-I/3

An Example Using Kirchoff's Laws.

$$V_1 = I_1 r_1 + (I_1 + I_2) R_L$$

$$V_1 = I_1 (r_1 + R_L) + I_2 R_L$$

$$V_2 = I_2 r_2 + (I_1 + I_2) R_L$$

$$V_2 = I_1 R_L + I_2 (r_2 + R_L)$$

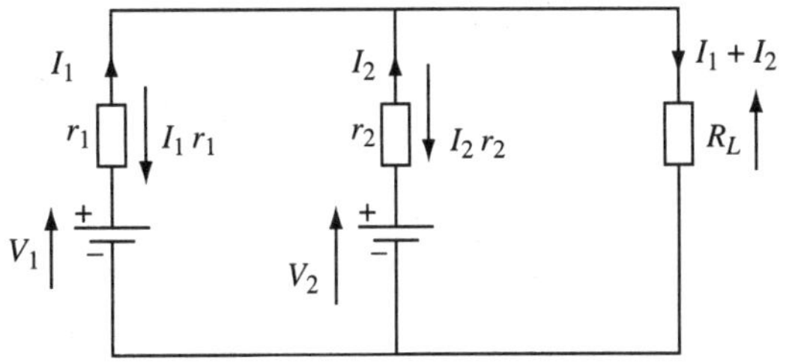

Fig. 9-I/4

$$V_1 = I_1 (r_1 + R_L) + I_2 R_L$$

$$V_2 = I_1 R_L + I_2 (r_2 + R_L).$$

These equations in matrix form are written

$$\begin{pmatrix} V_1 \\ V_2 \end{pmatrix} = \begin{pmatrix} r_1 + R_L & R_L \\ R_L & r_2 + R_L \end{pmatrix} \begin{pmatrix} I_1 \\ I_2 \end{pmatrix}.$$

To find I_1 and I_2, we have to find first the inverse matrix of

$$\begin{pmatrix} r_1 + R_L & R_L \\ R_L & r_2 + R_L \end{pmatrix} = \mathbf{M}$$

pre-multiplying by $\mathbf{M}^{-1}$

$$\mathbf{M}^{-1} \begin{pmatrix} V_1 \\ V_2 \end{pmatrix} = \mathbf{M}^{-1}\mathbf{M} \begin{pmatrix} I_1 \\ I_2 \end{pmatrix}$$

$$\Rightarrow \mathbf{M}^{-1} \begin{pmatrix} V_1 \\ V_2 \end{pmatrix} = \begin{pmatrix} I_1 \\ I_2 \end{pmatrix}$$

and hence I_1 and I_2 may be calculated.

WORKED EXAMPLE 38

Find $\mathbf{I}_1$ and $\mathbf{I}_2$.

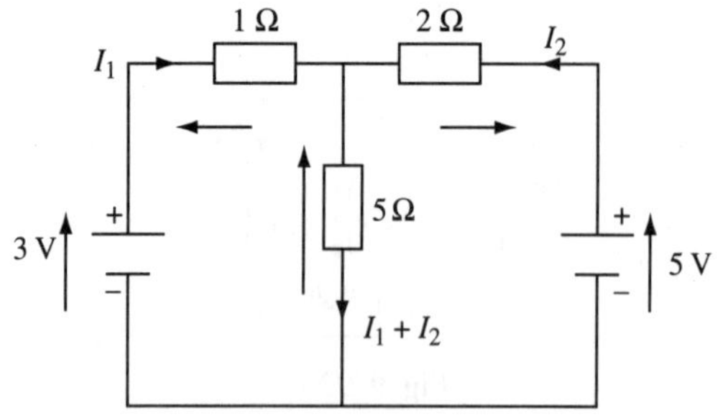

Fig. 9-I/5

Solution 38

Applying Kirchhoff's law:

$$3 = I_1 \times 1 + 5(I_1 + I_2)$$
$$5 = I_2 \times 2 + 5(I_1 + I_2)$$

or

$$6I_1 + 5I_2 = 3$$
$$5I_1 + 7I_2 = 5$$

in matrix form:

$$\begin{pmatrix} 6 & 5 \\ 5 & 7 \end{pmatrix}\begin{pmatrix} I_1 \\ I_2 \end{pmatrix} = \begin{pmatrix} 3 \\ 5 \end{pmatrix} \qquad \ldots(1)$$

$$\mathbf{A} = \begin{pmatrix} 6 & 5 \\ 5 & 7 \end{pmatrix}, \text{ the minors} = \begin{pmatrix} 7 & 5 \\ 5 & 6 \end{pmatrix},$$

$$\text{the cofactors} = \begin{pmatrix} 7 & -5 \\ -5 & 6 \end{pmatrix},$$

$$\text{the adjoint matrix} = \begin{pmatrix} 7 & -5 \\ -5 & 6 \end{pmatrix}. \qquad \ldots(2)$$

$$\mathbf{A}^{-1} = \frac{\begin{pmatrix} 7 & -5 \\ -5 & 6 \end{pmatrix}}{\begin{vmatrix} 6 & 5 \\ 5 & 7 \end{vmatrix}} = \frac{1}{42 - 25}\begin{pmatrix} 7 & -5 \\ -5 & 6 \end{pmatrix}$$

$$= \frac{1}{17}\begin{pmatrix} 7 & -5 \\ -5 & 6 \end{pmatrix}$$

$$= \begin{pmatrix} \frac{7}{17} & -\frac{5}{17} \\ -\frac{5}{17} & \frac{6}{17} \end{pmatrix}.$$

Pre-multiplying (1) by $\mathbf{A}^{-1}$

$$\mathbf{A}^{-1}\mathbf{A}\begin{pmatrix} I_1 \\ I_2 \end{pmatrix} = \mathbf{A}^{-1}\begin{pmatrix} 3 \\ 5 \end{pmatrix}$$

$$\mathbf{I}\begin{pmatrix} I_1 \\ I_2 \end{pmatrix} = \begin{pmatrix} \frac{7}{17} & -\frac{5}{17} \\ -\frac{5}{17} & \frac{6}{17} \end{pmatrix}\begin{pmatrix} 3 \\ 5 \end{pmatrix}$$

$$\begin{pmatrix} I_1 \\ I_2 \end{pmatrix} = \begin{pmatrix} \frac{21}{17} - \frac{25}{17} \\ -\frac{15}{17} + \frac{30}{17} \end{pmatrix} = \begin{pmatrix} -\frac{4}{17} \\ \frac{15}{17} \end{pmatrix}$$

$$\mathbf{I}_1 = -\frac{4}{17}$$

$$\mathbf{I}_2 = \frac{15}{17}.$$

Alternatively for checking;

$6I_1 + 5I_1 = 3 \qquad \ldots(1)$

$5I_1 + 7I_2 = 5 \qquad \ldots(2)$

$(1) \times -5 \qquad -30I_1 - 25I_2 = -15 \qquad \ldots(3)$

$(2) \times 6 \qquad 30I_1 + 42I_2 = 30 \qquad \ldots(4)$

$(3) + (4) \qquad 17I_2 = 15$

$$I_2 = \frac{15}{17},$$

substituting in $6I_1 + 5I_2 = 3$

$$6I_1 + 5\left(\frac{15}{17}\right) = 3$$

$$6I_1 = 3 - \frac{75}{17} = \frac{51 - 75}{17} = -\frac{24}{17}$$

$$I_1 = -\frac{4}{17}.$$

Exercises 3

1. Denote an array of elements as a matrix of 2×2.

   What is the significance 2×2?

2. What does a 2×2 matrix represent?

   What is 2×1 matrix? Give examples.

3. If $\mathbf{P} = \begin{pmatrix} -3 & -1 \\ -4 & -5 \end{pmatrix}$ and $\mathbf{Q} = \begin{pmatrix} 2 & 2 \\ 3 & 4 \end{pmatrix}$, find $\mathbf{P} + \mathbf{Q}$ and $Q = \mathbf{Q} - \mathbf{P}$.

4. If $\mathbf{A} = \begin{pmatrix} 1 & 2 \\ 3 & 4 \end{pmatrix}$, $\mathbf{B} = \begin{pmatrix} 5 & 6 \\ 7 & 8 \end{pmatrix}$ and $\mathbf{C} = \begin{pmatrix} 9 & 10 \\ 11 & 12 \end{pmatrix}$.

   Find

   (i) $\mathbf{A} + \mathbf{B} + \mathbf{C}$

   (ii) $2\mathbf{A} + 5\mathbf{B} - 3\mathbf{C}$.

5. If $\mathbf{A} = \begin{pmatrix} 1 & 0 \\ 2 & 3 \end{pmatrix}$ and $\mathbf{B} = \begin{pmatrix} 2 & 3 \\ 1 & a \end{pmatrix}$.

   Determine a if $\mathbf{A} + \mathbf{B} = \begin{pmatrix} 3 & 3 \\ 3 & 6 \end{pmatrix}$.

6. Show that $\mathbf{A} + \mathbf{B} = \mathbf{B} + \mathbf{A}$, that is, associative.

7. If $\mathbf{A} = \begin{pmatrix} 3 & -3 \\ 5 & 2 \end{pmatrix}$, $\mathbf{B} = \begin{pmatrix} 1 & 2 \\ -2 & 1 \end{pmatrix}$.

   Find

   (i) $\mathbf{AB}$

   (ii) $\mathbf{A}^2$

   (iii) $\mathbf{B}^2\mathbf{A}$.

8. If $\mathbf{M} = \begin{pmatrix} 2 & 2 \\ 0 & 1 \end{pmatrix}$, $\mathbf{N} = \begin{pmatrix} -1 & 3 \\ 2 & 4 \end{pmatrix}$.

   Find $\mathbf{MN}$ and $\mathbf{NM}$.

9. If $\mathbf{I} = \begin{pmatrix} 1 & 0 \\ 0 & 1 \end{pmatrix}$.

   Find $\mathbf{I}^3$ and $5\mathbf{I}$.

10. If $\mathbf{A} = \begin{pmatrix} 3 & 4 \\ 6 & 9 \end{pmatrix}$ and $\mathbf{I} = \begin{pmatrix} 1 & 0 \\ 0 & 1 \end{pmatrix}$.

    Find

    (i) $\mathbf{A} + 3\mathbf{I}$

    (ii) $\mathbf{IA}$.

11. What is a singular matrix?

    Give an example.

12. Find the inverse matrices of the following and check their accuracy.

    (i) $\begin{pmatrix} 1 & 2 \\ 3 & 4 \end{pmatrix}$

    (ii) $\begin{pmatrix} -1 & 3 \\ 4 & 2 \end{pmatrix}$

    (iii) $\begin{pmatrix} 2 & 5 \\ 6 & -2 \end{pmatrix}$.

13. Solve the following simultaneous equations by means of the matrices method.

    (i) $3a - 5b = 1$

    $a + b = 11$

    (ii) $-l_1 + l_2 = 9$

    $-2l_1 + 20l_2 = 18$.

14. Write down the following matrices:

    (i) a 2×2 unit matrix

    (ii) a 2×2 zero matrix

    (iii) a 2×2 diagonal matrix.

15. Write down the following matrices:

    (i) a 3×1 matrix

    (ii) a 3×3 square matrix

    (iii) a 1×3 row matrix

    (iv) a 3×2 or 2×3 rectangular matrix

    (v) a 3×3 unit matrix

    (vi) a 3×3 diagonal matrix

    (vii) a null 3×3 matrix.

16. If $\mathbf{A} = \begin{pmatrix} -1 & 2 \\ -3 & 3 \end{pmatrix}$, $\mathbf{B} = \begin{pmatrix} 1 & -2 \\ 3 & 5 \end{pmatrix}$, $\mathbf{C} = \begin{pmatrix} 0 & 1 \\ 1 & 0 \end{pmatrix}$.

    Find

    (i) $A + B + C$

    (ii) $2A - 3C + 2B$,

    (iii) $5B + 4A$

17. If $\mathbf{A} = \begin{pmatrix} 6 & 7 \\ 8 & 9 \end{pmatrix}$, $\mathbf{B} = \begin{pmatrix} 10 & 11 \\ 12 & 13 \end{pmatrix}$, $\mathbf{C} = \begin{pmatrix} 0 & 1 \\ -1 & 0 \end{pmatrix}$.

    Find

    (i) $\mathbf{ABC}$ (ii) $\mathbf{A}^2$ (iii) $\mathbf{BC}$
    (iv) $\mathbf{AC}$ (v) $\mathbf{CB}$.

18. Show that $\mathbf{AB} \neq \mathbf{BA}$ and $\mathbf{BC} \neq \mathbf{CB}$ if **A, B, C** are the matrices shown in question 17.

19. Are matrices associative or commutative?

    Give a simple example in each case to illustrate the associativity and commutativity.

20. What is unit matrix and what is the effect of multiplying a matrix by unit matrix? Illustrate the answers with examples.

21. A column vector $\begin{pmatrix} x \\ y \end{pmatrix}$ is a column matrix $\begin{pmatrix} x \\ y \end{pmatrix}$.

    If $\overrightarrow{OP} = \begin{pmatrix} 3 \\ 5 \end{pmatrix}$ and $\overrightarrow{OQ} = \begin{pmatrix} 2 \\ 7 \end{pmatrix}$.

    Find the resultant of these two vectors by adding the ordered pairs vectorially and by adding the two matrices and verify that they are the same.

22. If $\mathbf{A} = \begin{pmatrix} 1 & b \\ a & 2 \end{pmatrix}$, $\mathbf{B} = \begin{pmatrix} -1 & 2 \\ 3 & 4 \end{pmatrix}$, $\mathbf{C} = \begin{pmatrix} 5 & 10 \\ -1 & 22 \end{pmatrix}$.

    Determine the values of a and b if $\mathbf{AB} = \mathbf{C}$.

    Explain the equality of a matrix.

23. Write down the minors and hence the cofactors of the matrices.

    (i) $\mathbf{A} = \begin{pmatrix} 1 & 2 \\ 3 & 4 \end{pmatrix}$ and

    (ii) $\mathbf{M} = \begin{pmatrix} -1 & -2 \\ -3 & 4 \end{pmatrix}$.

24. Determine the adjoint matrices of 23(i) and 23(ii).

25. Find the inverse matrices of the following

    (i) $\begin{pmatrix} 2 & -1 \\ 2 & 1 \end{pmatrix}$

    (ii) $\begin{pmatrix} -3 & 2 \\ 1 & -3 \end{pmatrix}$.

26. Solve the simultaneous linear equations using matrices.

    (i) $2x + y = 5$
    $x + y = -7$

    (ii) $-3x + 2y = 2$
    $x - 3y = 5$.

27. Determine the current I_1 and I_2 of the network using

    (i) Determinants

    (ii) Matrices.

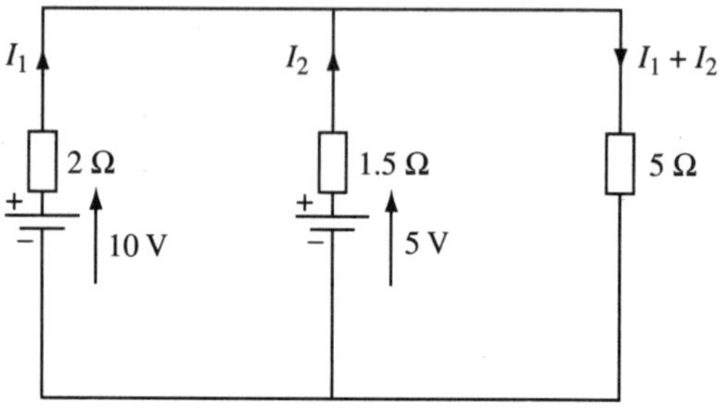

Fig. 9-I/6

28. Write down the following network in matrix form.

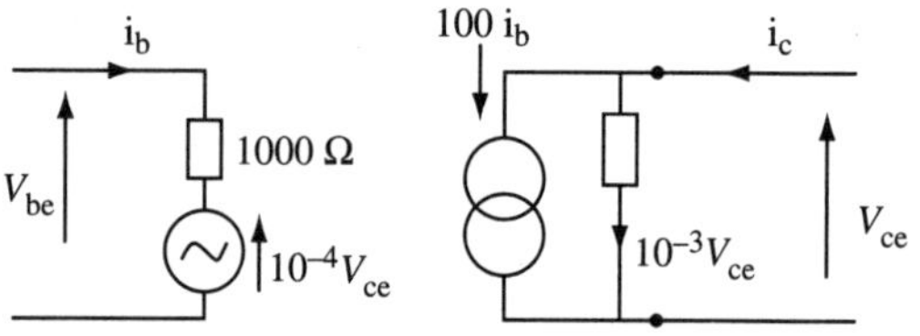

Fig. 9-I/7

29. Find the inverse of the matrix

$$\begin{pmatrix} 1 & 1 & 1 \\ 2 & -3 & 4 \\ -2 & 1 & -3 \end{pmatrix}.$$

    Hence solve the equations

$$x + y + z = 6$$
$$2x - 3y + 4z = -6$$
$$-2x + y - 3z = -1.$$

30. If $\mathbf{A} = \begin{pmatrix} 5 & -7 & 2 \\ 4 & 4 & 1 \\ -3 & 2 & 3 \end{pmatrix}$, find $\mathbf{A}^{-1}$. Hence solve the equation

$$\mathbf{A} = \begin{pmatrix} x \\ y \\ z \end{pmatrix} = \begin{pmatrix} 6 \\ -3 \\ -14 \end{pmatrix}.$$

31. If $\mathbf{M} = \begin{pmatrix} 4 & 2 & 1 \\ -2 & -4 & 10 \\ 3 & 1 & 2 \end{pmatrix}$, find $\mathbf{M}^{-1}$, hence solve the equation

$$\begin{aligned} 4x + 2y + z &= 6 \\ -2x - 4y + 10z &= 3 \\ 3z + y + 2z &= 5. \end{aligned}$$

32. If $\mathbf{M} = \begin{pmatrix} 5 & 1 & 6 \\ 3 & 4 & 2 \\ -2 & -1 & 4 \end{pmatrix}$, find $\mathbf{M}^{-1}$.

Hence $\mathbf{M}^{-1}\mathbf{M}\begin{pmatrix} x \\ y \\ z \end{pmatrix} = \mathbf{M}^{-1}\begin{pmatrix} 18 \\ 11 \\ 5 \end{pmatrix}$.

33. Solve for x, y, z the following set of equations:

(a)
$$\begin{aligned} x - y + z &= 1 \\ 2x + y - 3z &= 0 \\ -z - 2y + 2z &= -1 \end{aligned}$$

(b)
$$\begin{aligned} 3x + 2y + 2z &= 19 \\ x + y + z &= 7 \\ -2x + 4y - 3z &= -65. \end{aligned}$$

34. Solve the following system of equations by using matrices for x, y, z.

$$\begin{aligned} a_{11}x + a_{12}y + a_{13}z &= c_1 \\ a_{21}x + a_{22}y + a_{23}z &= c_2 \\ a_{31}x + a_{32}y + a_{33}z &= c_3. \end{aligned}$$

35. Find the products

(i) $\begin{pmatrix} \cos x & \sin x \\ \sin x & -\cos x \end{pmatrix}\begin{pmatrix} \cos x & \sin y \\ \sin y & -\cos y \end{pmatrix}$

(ii) $\begin{pmatrix} \cos\alpha & -\sin\alpha \\ \sin\alpha & \cos\alpha \end{pmatrix}\begin{pmatrix} \cos\alpha & -\sin\alpha \\ \sin\alpha & \cos\alpha \end{pmatrix}$

(iii) $\begin{pmatrix} \cos\theta & \sin\theta \\ \sin\theta & \cos\theta \end{pmatrix}^2$

(iv) $\begin{pmatrix} \cos\beta & \sin\beta \\ \sin\beta & -\cos\beta \end{pmatrix}^2$

(v) $\begin{pmatrix} \tan A & \cot A \\ \cot A & \tan A \end{pmatrix}\begin{pmatrix} \tan B & \cot B \\ \cot B & \tan B \end{pmatrix}$.

4

The Eigenvalues and Eigenvectors

Eigenvalues.

It is required to find the eigenvalues of the square matrix $\mathbf{A} = \begin{pmatrix} a_{11} & a_{12} \\ a_{21} & a_{22} \end{pmatrix}$, which is a 2×2 matrix. The characteristic equation of this matrix is $\boxed{|\mathbf{A} - \lambda \mathbf{I}| = 0}$

Characteristic equation of a matrix.

$$|\mathbf{A} - \lambda \mathbf{I}| = 0 \left| \begin{pmatrix} a_{11} & a_{12} \\ a_{21} & a_{22} \end{pmatrix} - \lambda \begin{pmatrix} 1 & 0 \\ 0 & 1 \end{pmatrix} \right| = 0$$

$$\begin{vmatrix} a_{11} - \lambda & a_{12} \\ a_{21} & a_{22} - \lambda \end{vmatrix} = 0$$

$$(a_{11} - \lambda)(a_{22} - \lambda) - a_{21}a_{12} = 0$$

$$a_{11}a_{12} - \lambda a_{22} - \lambda a_{11} + \lambda^2 - a_{21}a_{12} = 0$$

and solve for λ

$$\lambda^2 - \lambda(a_{22} + a_{11}) + a_{11}a_{22} - a_{21}a_{12} = 0.$$

WORKED EXAMPLE 39

Find the eigenvalues of the matrix $\begin{pmatrix} 2 & 1 \\ 1 & 2 \end{pmatrix}$.

Solution 39

The characteristic equation of the matrix is given

$$|\mathbf{A} - \lambda \mathbf{I}| = 0$$

$$\left| \begin{pmatrix} 2 & 1 \\ 1 & 2 \end{pmatrix} - \lambda \begin{pmatrix} 1 & 0 \\ 0 & 1 \end{pmatrix} \right| = 0$$

$$\begin{vmatrix} 2 - \lambda & 1 \\ 1 & 2 - \lambda \end{vmatrix} = 0$$

$$(2 - \lambda)^2 - (1)^2 = 0$$

$$[(2 - \lambda) - 1][(2 - \lambda) + 1] = 0$$

$$(2 - \lambda - 1)(2 - \lambda + 1) = 0$$

Completing square

$$(1 - \lambda)(3 - \lambda) = 0$$

$\boxed{\lambda = 1}$ or $\boxed{\lambda = 3}$

are the eigenvalues of the matrix $\mathbf{A} = \begin{pmatrix} 2 & 1 \\ 1 & 2 \end{pmatrix}$.

The eigenvalues are <u>real</u> and <u>distinct</u>.

WORKED EXAMPLE 40

Find the eigenvalues of the matrix

$\mathbf{A} = \begin{pmatrix} 1 & 2 \\ 2 & 1 \end{pmatrix}$.

Solution 40

The characteristic equation of the matrix is

$$|\mathbf{A} - \lambda \mathbf{I}| = 0$$

$$\left| \begin{pmatrix} 1 & 2 \\ 2 & 1 \end{pmatrix} - \lambda \begin{pmatrix} 1 & 0 \\ 0 & 1 \end{pmatrix} \right| = \left| \begin{pmatrix} 1 & 2 \\ 2 & 1 \end{pmatrix} - \begin{pmatrix} \lambda & 0 \\ 0 & \lambda \end{pmatrix} \right|$$

$$= \begin{vmatrix} 1 - \lambda & 2 \\ 2 & 1 - \lambda \end{vmatrix}$$

$$= (1 - \lambda)^2 - 2^2 = 0$$

$$(1 - \lambda - 2)(1 - \lambda + 2) = 0$$

$$(-1 - \lambda)(3 - \lambda) = 0$$

$\boxed{\lambda = -1}$ or $\boxed{\lambda = 3}$

The eigenvalues are real.

WORKED EXAMPLE 41

Find the eigenvalues of the square 2×2 matrices.

(i) $\begin{pmatrix} 4 & 2 \\ 2 & 4 \end{pmatrix}$

(ii) $\begin{pmatrix} 4 & 3 \\ 1 & 2 \end{pmatrix}$

(iii) $\begin{pmatrix} 1 & 5 \\ 5 & 1 \end{pmatrix}$

(iv) $\begin{pmatrix} -1 & 1 \\ 1 & -1 \end{pmatrix}$

(v) $\begin{pmatrix} 4 & 3 \\ 3 & 4 \end{pmatrix}$.

Solution 41

The characteristic equation of the matrix is given $|\mathbf{A} - \lambda\mathbf{I}| = 0$.

(i) $\begin{vmatrix} 4-\lambda & 2 \\ 2 & 4-\lambda \end{vmatrix} = 0$

$(4-\lambda)^2 - 2^2 = 0$

$(4-\lambda-2)(4-\lambda+2) = 0$

$(2-\lambda)(6-\lambda) = 0$

$\boxed{\lambda = 2}$ or $\boxed{\lambda = 6}$

are the eigenvalues of the matrix which are real and distinct.

(ii) $\begin{vmatrix} 4-\lambda & 3 \\ 1 & 2-\lambda \end{vmatrix} = 0$

$(4-\lambda)(2-\lambda) - 3 = 0$

$8 - 2\lambda - 4\lambda + \lambda^2 - 3 = 0$

$\lambda^2 - 6\lambda + 5 = 0$

$$\lambda = \frac{6 \pm \sqrt{36-20}}{20}$$

$$= \frac{6 \pm 4}{2}$$

$\boxed{\lambda = 5}$ or $\boxed{\lambda = 1}$.

(iii) $\begin{vmatrix} 1-\lambda & 5 \\ 5 & 1-\lambda \end{vmatrix} = 0$

$(1-\lambda)^2 - 5^2 = 0$

$(1-\lambda-5)(1-\lambda+5) = 0$

$(\lambda+4)(6-\lambda) = 0$

$\boxed{\lambda = -4}$ or $\boxed{\lambda = 6}$

which are real and distinct.

(iv) $\begin{vmatrix} -1-\lambda & 1 \\ 1 & -1-\lambda \end{vmatrix} = 0$

$(-1-\lambda)^2 - 1 = 0$

$(1+\lambda-1)(1+\lambda+1) = 0$

$\lambda(\lambda+2) = 0$

$\boxed{\lambda = 0}$ or $\boxed{\lambda = -2}$

which are real and distinct.

(v) $\begin{vmatrix} 4-\lambda & 3 \\ 3 & 4-\lambda \end{vmatrix} = 0$

$(4-\lambda)^2 - 3^2 = 0$

$(4-\lambda-3)(4-\lambda+3) = 0$

$(1-\lambda)(7-\lambda) = 0$

$\boxed{\lambda = 1}$ or $\boxed{\lambda = 7}$

WORKED EXAMPLE 42

If the eigenvalues of a square 2×2 matrix are 2 and 5, find the matrix given that $a_{11} = 4$, $a_{21} = 3$.

Solution 42

$$\left| \begin{pmatrix} a_{11} & a_{12} \\ a_{21} & a_{22} \end{pmatrix} - 2\begin{pmatrix} 1 & 0 \\ 0 & 1 \end{pmatrix} \right| = 0$$

$\begin{vmatrix} a_{11}-2 & a_{12} \\ a_{21} & a_{22}-2 \end{vmatrix} = 0$ or

$\begin{vmatrix} a_{11}-5 & a_{12} \\ a_{21} & a_{22}-5 \end{vmatrix} = 0$

$(a_{11}-2)(a_{22}-2)=a_{21}a_{12}$

$(a_{11}-5)(a_{22}-5)=a_{21}a_{12}$

$(a_{11}-2)(a_{22}-2)=(a_{11}-5)(a_{22}-5)$

$a_{11}=4$

$(4-2)(a_{22}-2)=(4-5)(a_{22}-5)$

$2a_{22}-4=-a_{22}+5$

$3a_{22}=9$

$\boxed{a_{22}=3}$

$(a_{11}-2)(a_{22}-2)=a_{21}a_{12}$

$2\times 1=3a_{12}\Rightarrow a_{12}=\frac{2}{3}.$

The matrix is $\begin{pmatrix} 4 & \frac{2}{3} \\ 3 & 3 \end{pmatrix}$.

Eigenvectors

To find the eigenvectors of the square 2×2 matrix.

$$\mathbf{A}=\begin{pmatrix} a_{11} & a_{12} \\ a_{21} & a_{22} \end{pmatrix}$$

Firstly find the eigenvalues λ_1 and λ_2 of $\mathbf{A}$, secondly for each eigenvalue λ_1 and λ_2 solve $(\mathbf{A}-\lambda\mathbf{I})\mathbf{x}=\mathbf{0}$ for $\mathbf{x}$.

$$(a_{11}-\lambda_k)x_1+a_{12}x_2=0$$

$$a_{21}x_1+(a_{22}-\lambda_k)x_2=0$$

for $k=1,2$. Then any non-trivial solution to these equations will give an eigenvector corresponding to the eigenvalue λ_k.

WORKED EXAMPLE 43

Find the eigenvalues of $\mathbf{A}=\begin{pmatrix} 2 & 1 \\ 1 & 2 \end{pmatrix}$ and hence find the eigenvectors.

Solution 43

$$\mathbf{A}=\begin{pmatrix} 2 & 1 \\ 1 & 2 \end{pmatrix}$$

$$|\mathbf{A}-\lambda\mathbf{I}|=0$$

$$\left|\begin{pmatrix} 2 & 1 \\ 1 & 2 \end{pmatrix}-\begin{pmatrix} \lambda & 0 \\ 0 & \lambda \end{pmatrix}\right|=0$$

$$\begin{vmatrix} 2-\lambda & 1 \\ 1 & 2-\lambda \end{vmatrix}=0$$

$(2-\lambda)^2-1=0,\ (2-\lambda-1)(2-\lambda+1)=0$

$(1-\lambda)(3-\lambda)=0,\ \lambda=1$and $\lambda=3$ are the eigenvalues.

For $\lambda=1$

solve $(\mathbf{A}-\lambda\mathbf{I})\mathbf{x}=\mathbf{0}$ for $\mathbf{x}$

$$\left[\begin{pmatrix} 2 & 1 \\ 1 & 2 \end{pmatrix}-\begin{pmatrix} \lambda & 0 \\ 0 & \lambda \end{pmatrix}\right]\begin{pmatrix} x_1 \\ x_2 \end{pmatrix}=\begin{pmatrix} 0 \\ 0 \end{pmatrix}$$

$(2-\lambda)x_1+x_2=0$ ...(1)

$x_1+(2-\lambda)x_2=0$ ...(2)

For $\lambda=1$

$x_1+x_2=0$

$x_1+x_2=0$

both equations (1) and (2) result in the same equation $x_1+x_2=0$. Let $x_2=k$ then $x_1=-k$ where k is an arbitrary number

$$\begin{pmatrix} x_1 \\ x_2 \end{pmatrix}=\begin{pmatrix} -k \\ k \end{pmatrix}=k\begin{pmatrix} -1 \\ 1 \end{pmatrix}.$$

Obtaining an infinite number of solutions.
Substituting of $\lambda=3$

$(2-3)x_1+x_2=0$ ...(3)

$x_1+(2-3)x_2=0$ ...(4)

From (3) $\quad -x_1+x_2=0$

From (4) $\quad x_1-x_2=0$

$x_1=x_2=k$

$$\begin{pmatrix} x_1 \\ x_2 \end{pmatrix}=k\begin{pmatrix} 1 \\ 1 \end{pmatrix}.$$

Obtaining again an infinite number of solutions. The eigenvector corresponding to $\lambda=1$ is $\begin{pmatrix} -1 \\ 1 \end{pmatrix}$ and the eigenvector corresponding to $\lambda=3$ is $\begin{pmatrix} 1 \\ 1 \end{pmatrix}$.

WORKED EXAMPLE 44

Find the corresponding eigenvectors to the eigenvalues found for $\begin{pmatrix} 4 & 2 \\ 2 & 4 \end{pmatrix}$.

Solution 44

$$\begin{pmatrix} 4-\lambda & 2 \\ 2 & 4-\lambda \end{pmatrix}\begin{pmatrix} x_1 \\ x_2 \end{pmatrix}=\begin{pmatrix} 0 \\ 0 \end{pmatrix}$$

$\lambda=2\quad$ and $\quad\lambda=6.$

For $\lambda = 2$

$$\begin{pmatrix} 2 & 2 \\ 2 & 2 \end{pmatrix}\begin{pmatrix} x_1 \\ x_2 \end{pmatrix} = \begin{pmatrix} 0 \\ 0 \end{pmatrix}$$

$$2x_1 + 2x_2 = 0$$

$$x_1 + x_2 = 0$$

$$x_1 = -x_2 = -k$$

$$\begin{pmatrix} x_1 \\ x_2 \end{pmatrix} = k\begin{pmatrix} -1 \\ 1 \end{pmatrix}$$

For $\lambda = 6$

$$\begin{pmatrix} -2 & 2 \\ 2 & -2 \end{pmatrix}\begin{pmatrix} x_1 \\ x_2 \end{pmatrix} = \begin{pmatrix} 0 \\ 0 \end{pmatrix}$$

$$-2x_1 + 2x_2 = 0$$

$$2x_1 - 2x_2 = 0$$

$$x_1 = x_2 = k$$

$$\begin{pmatrix} x_1 \\ x_2 \end{pmatrix} = k\begin{pmatrix} 1 \\ 1 \end{pmatrix}$$

The eigenvectors for $\lambda = 2$ and $\lambda = 6$ are $\begin{pmatrix} -1 \\ 1 \end{pmatrix}$ and $\begin{pmatrix} 1 \\ 1 \end{pmatrix}$ correspondingly.

To find the Eigenvalues and Eigenvectors of a 3 x 3 square matrix.

WORKED EXAMPLE 45

Find the eigenvalues and corresponding eigenvectors of the matrix

$$\mathbf{A} = \begin{pmatrix} 2 & 1 & 1 \\ 1 & 2 & 1 \\ 1 & 1 & 2 \end{pmatrix}$$

Solution 45

The characteristic equation is $|\mathbf{A} - \lambda\mathbf{I}| = 0$

$$\begin{vmatrix} 2-\lambda & 1 & 1 \\ 1 & 2-\lambda & 1 \\ 1 & 1 & 2-\lambda \end{vmatrix} = 0$$

$$(2-\lambda)\begin{vmatrix} 2-\lambda & 1 \\ 1 & 2-\lambda \end{vmatrix} - \begin{vmatrix} 1 & 1 \\ 1 & 2-\lambda \end{vmatrix} + \begin{vmatrix} 1 & 2-\lambda \\ 1 & 1 \end{vmatrix} = 0$$

$$(2-\lambda)[(2-\lambda)^2 - 1] - (2-\lambda-1) + (1-2+\lambda) = 0$$

$$(2-\lambda)(2-\lambda-1)(2-\lambda+1) - (1-\lambda) + (-1+\lambda) = 0$$

$$(2-\lambda)(1-\lambda)(3-\lambda) - 2 + 2\lambda = 0$$

$$(2-\lambda)(1-\lambda)(3-\lambda) + 2(\lambda-1) = 0$$

$$(1-\lambda)[(2-\lambda)(3-\lambda) - 2] = 0$$

$$(1-\lambda)(6 - 3\lambda - 2\lambda + \lambda^2 - 2) = 0$$

$$(1-\lambda)(\lambda^2 - 5\lambda + 4) = 0$$

$$(1-\lambda)(\lambda^2 - 4\lambda - \lambda + 4) = 0$$

$$(1-\lambda)[\lambda(\lambda-4) - (\lambda-4)] = 0$$

$$(1-\lambda)(\lambda-4)(\lambda-1) = 0$$

$$\lambda = 1, \lambda = 4, \lambda = 1.$$

To find the eigenvectors, we solve $(\mathbf{A} - \lambda\mathbf{I})\mathbf{x} = \mathbf{0}$

$$\begin{pmatrix} 2-\lambda & 1 & 1 \\ 1 & 2-\lambda & 1 \\ 1 & 1 & 2-\lambda \end{pmatrix}\begin{pmatrix} x_1 \\ x_2 \\ x_3 \end{pmatrix} = \begin{pmatrix} 0 \\ 0 \\ 0 \end{pmatrix}.$$

For $\lambda = 1$

$$\begin{pmatrix} 1 & 1 & 1 \\ 1 & 1 & 1 \\ 1 & 1 & 1 \end{pmatrix}\begin{pmatrix} x_1 \\ x_2 \\ x_3 \end{pmatrix} = \begin{pmatrix} 0 \\ 0 \\ 0 \end{pmatrix}$$

$$x_1 + x_2 + x_3 = 0$$

$$x_1 + x_2 + x_3 = 0$$

$$x_1 + x_2 + x_3 = 0.$$

For $\lambda = 4$

$$\begin{pmatrix} -2 & 1 & 1 \\ 1 & -2 & 1 \\ 1 & 1 & -2 \end{pmatrix}\begin{pmatrix} x_1 \\ x_2 \\ x_3 \end{pmatrix} = \begin{pmatrix} 0 \\ 0 \\ 0 \end{pmatrix}$$

$$-2x_1 + x_2 + x_3 = 0 \qquad \ldots(1)$$

$$x_1 - 2x_2 + x_3 = 0 \qquad \ldots(2)$$

$$x_1 + x_2 - 2x_3 = 0 \qquad \ldots(3)$$

$$(2) - (3) \qquad -3x_2 + 3x_3 = 0$$

$$x_2 = x_3 = k$$

$$x_1 - 2k + k = 0 \quad x_1 = k$$

$\begin{pmatrix} 1 \\ 1 \\ 1 \end{pmatrix}$ is the eigenvector of $\lambda = 4$.

The characteristic equation of a matrix.

Consider $\mathbf{AX} = \lambda\mathbf{X}$ ... (1) an invariant vector

where $\mathbf{A}$ is a square matrix of order n, $\mathbf{X}$ is a column vector with n rows and λ is a parameter.

Equation (1) may be written

$$\mathbf{AX} - \lambda\mathbf{X} = 0$$

$$(\mathbf{A} - \lambda)\mathbf{X} = 0 \quad \text{or}$$

$$(\mathbf{A} - \lambda\mathbf{I})\mathbf{X} = 0 \qquad \ldots (2)$$

where $\mathbf{I}$ is the unit matrix of order n.

From (2)

$$\begin{pmatrix} a_{11}-\lambda & a_{12} & \ldots & a_{1n} \\ a_{21} & a_{22}-\lambda & \ldots & a_{2n} \\ \cdot & & & \\ \cdot & & & \\ a_{n1} & a_{n2} & \ldots & a_{nn}-\lambda \end{pmatrix} \begin{pmatrix} x_1 \\ x_2 \\ \cdot \\ \cdot \\ x_n \end{pmatrix} = 0$$

the system of homogeneous equations has non-trivial solutions if and only if

$$|\mathbf{A} - \lambda\mathbf{I}| = 0$$

$$\mathbf{A} = \begin{pmatrix} a_{11} & a_{12} & \ldots & a_{1n} \\ a_{21} & a_{22} & \ldots & a_{2n} \\ \cdot & & & \\ \cdot & & & \\ a_{n1} & a_{n2} & \ldots & a_{nn} \end{pmatrix}$$

$$\lambda\mathbf{I} = \begin{pmatrix} \lambda & 0 & \ldots & 0 \\ 0 & \lambda & \ldots & 0 \\ \cdot & \cdot & \ldots & \cdot \\ \cdot & \cdot & \ldots & \cdot \\ 0 & 0 & \ldots & \lambda \end{pmatrix}$$

$$|\mathbf{A} - \lambda\mathbf{I}| = \begin{vmatrix} a_{11}-\lambda & a_{12} & \ldots & a_{1n} \\ a_{21} & a_{22}-\lambda & \ldots & a_{2n} \\ \cdot & \cdot & \ldots & \cdot \\ \cdot & \cdot & \ldots & \cdot \\ a_{n1} & a_{n2} & \ldots & a_{nn}-\lambda \end{vmatrix} = 0$$

The expansion of this determinant is a polynomial $f(\lambda)$ of degree n in λ which is known as the characteristic polynomial

$$\boxed{f(\lambda) = 0}$$

is called the characteristic equation of $\mathbf{A}$ and its roots $\lambda_1, \lambda_2, \ldots \lambda_n$ are called characteristic roots or eigenvalues or latent roots.

Worked Example 46

Find the characteristic equation of the matrix $\mathbf{A} = \begin{pmatrix} 3 & 2 & 2 \\ 2 & 2 & 0 \\ 2 & 0 & 4 \end{pmatrix}$ and obtain the eigenvalues of the matrix.

Solution 46

$$f(\lambda) = |\mathbf{A} - \lambda\mathbf{I}| = \begin{vmatrix} 3-\lambda & 2 & 2 \\ 2 & 2-\lambda & 0 \\ 2 & 0 & 4-\lambda \end{vmatrix} = 0.$$

$$f(\lambda) = (3-\lambda)\begin{vmatrix} 2-\lambda & 0 \\ 0 & 4-\lambda \end{vmatrix}$$

$$-2\begin{vmatrix} 2 & 0 \\ 2 & 4-\lambda \end{vmatrix} + 2\begin{vmatrix} 2 & 2-\lambda \\ 2 & 0 \end{vmatrix}$$

$$= (3-\lambda)(2-\lambda)(4-\lambda) - 2(8-2\lambda) + 2(-4+2\lambda)$$

$$= (3-\lambda)(2-\lambda)(4-\lambda) - 4(4-\lambda) - 4(2-\lambda)$$

$$= (6 - 2\lambda - 3\lambda + \lambda^2)(4-\lambda) - 16 + 4\lambda - 8 + 4\lambda$$

$$= 24 - 8\lambda - 12\lambda + 4\lambda^2 - 6\lambda + 2\lambda^2 + 3\lambda^2 - \lambda^3$$

$$- 16 + 4\lambda - 8 + 4\lambda$$

$$= -\lambda^3 + 9\lambda^2 - 18\lambda = 0$$

$$= \lambda(\lambda^2 + 9\lambda + 18) = 0$$

$$\lambda = 0, \quad \text{or} \quad \lambda = \frac{9 \pm \sqrt{81-72}}{2} = \frac{9 \pm 3}{2}$$

$$\lambda = 0, \quad \text{or} \quad \lambda = 3 \quad \text{or} \quad \lambda = 6.$$

Worked Example 47

Find the eigenvalues of the matrix $\begin{pmatrix} 2 & -2 \\ 2 & 2 \end{pmatrix}$ and the corresponding eigenvectors.

Find the inverse matrix of $\begin{pmatrix} 2 & -2 \\ 2 & 2 \end{pmatrix}$ and hence find the eigenvalues and the corresponding eigenvectors.

Solution 47

$\mathbf{A} = \begin{pmatrix} 2 & -2 \\ 2 & 2 \end{pmatrix}$, the characteristic equation is given

$$|\mathbf{A} - \lambda\mathbf{I}| = 0$$

$$\begin{vmatrix} 2-\lambda & -2 \\ 2 & 2-\lambda \end{vmatrix} = 0$$

$(2-\lambda)^2 + 2^2 = 0$

$(2-\lambda)^2 = -2^2$

$2-\lambda = \pm 2i$

$\boxed{\lambda = 2+2i}$ or $\boxed{\lambda = 2-2i}$.

The eigenvectors are found from $(\mathbf{A} - \lambda\mathbf{I})\mathbf{x} = 0$

$$\begin{pmatrix} 2-\lambda & -2 \\ 2 & 2-\lambda \end{pmatrix}\begin{pmatrix} x_1 \\ x_2 \end{pmatrix} = \begin{pmatrix} 0 \\ 0 \end{pmatrix}$$

For $\lambda = 2+2i$

$$\begin{pmatrix} 2-2-2i & -2 \\ 2 & 2-2-2i \end{pmatrix}\begin{pmatrix} x_1 \\ x_2 \end{pmatrix} = \begin{pmatrix} 0 \\ 0 \end{pmatrix}$$

$$\begin{pmatrix} -2i & -2 \\ 2 & -2i \end{pmatrix}\begin{pmatrix} x_1 \\ x_2 \end{pmatrix} = \begin{pmatrix} 0 \\ 0 \end{pmatrix}$$

$$-2ix_1 - 2x_2 = 0 \Rightarrow x_1 = -\frac{x_2}{i} = ix_2 = ik$$

$$2x_1 - 2ix_2 = 0 \Rightarrow x_1 = ix_2$$

$$\begin{pmatrix} ik \\ k \end{pmatrix} = k\begin{pmatrix} i \\ 1 \end{pmatrix}$$

the eigenvector is $\begin{pmatrix} i \\ 1 \end{pmatrix}$ for $\lambda = 2+2i$. For $\lambda = 2-2i$

$$\begin{pmatrix} 2-2+2i & -2 \\ 2 & 2-2+2i \end{pmatrix}\begin{pmatrix} x_1 \\ x_2 \end{pmatrix} = \begin{pmatrix} 0 \\ 0 \end{pmatrix}$$

$$\begin{pmatrix} 2i & -2 \\ 2 & 2i \end{pmatrix}\begin{pmatrix} x_1 \\ x_2 \end{pmatrix} = \begin{pmatrix} 0 \\ 0 \end{pmatrix}$$

$$2ix_1 - 2x_2 = 0 \Rightarrow x_1 = \frac{x_2}{i}\frac{i}{i} = -ix_2 = -ik$$

$$2x_1 + 2ix_2 = 0 \Rightarrow x_1 = -ix_2 = -ik$$

$\begin{pmatrix} -i \\ 1 \end{pmatrix}$ the eigenvector for $\lambda = 2-2i$. The eigenvalues of $\mathbf{A}$ are $\lambda = 2+2i$ and $\lambda = 2-2i$ and the corresponding eigenvectors $\begin{pmatrix} i \\ 1 \end{pmatrix}$ and $\begin{pmatrix} -i \\ 1 \end{pmatrix}$ respectively.

$$\mathbf{A} = \begin{pmatrix} 2 & -2 \\ 2 & 2 \end{pmatrix}$$

the cofactors

$$\mathbf{A}^* = \begin{pmatrix} 2 & -2 \\ 2 & 2 \end{pmatrix}$$

the adjoint matrix

$$\mathbf{A}^{*^{\mathrm{T}}} = \begin{pmatrix} 2 & 2 \\ -2 & 2 \end{pmatrix} \text{ and } |\mathbf{A}| = 4+4 = 8$$

$$\mathbf{A}^{-1} = \frac{1}{|\mathbf{A}|}\begin{pmatrix} 2 & 2 \\ -2 & 2 \end{pmatrix} = \begin{pmatrix} \frac{1}{4} & \frac{1}{4} \\ -\frac{1}{4} & \frac{1}{4} \end{pmatrix}.$$

The eigenvalues are found by using

$$\begin{vmatrix} \frac{1}{4}-\lambda_1 & \frac{1}{4} \\ -\frac{1}{4} & \frac{1}{4}-\lambda_1 \end{vmatrix} = 0$$

$$\left(\frac{1}{4}-\lambda\right)^2 + \frac{1}{16} = 0$$

$$\left(\frac{1}{4}-\lambda_1\right)^2 = -\frac{1}{16}$$

$$\frac{1}{4}-\lambda_1 = \pm i\frac{1}{4}$$

$$\frac{1}{4}-\lambda_1 = i\frac{1}{4} \text{ or } \frac{1}{4}-\lambda_1 = -i\frac{1}{4}$$

$\boxed{\lambda_1 = \frac{1}{4} - i\frac{1}{4}}$ or $\boxed{\lambda_1 = \frac{1}{4} + i\frac{1}{4}}$

Observe that the eigenvalues of $\mathbf{A}^{-1}$ are the reciprocals of the eigenvalues of $\mathbf{A}$.

$$\lambda_1 = \frac{1}{\lambda} = \frac{1}{2+2i} \times \frac{2-2i}{2-2i} = \frac{2-2i}{4+4} = \frac{1}{4} - \frac{1}{4}i \text{ or}$$

$$\lambda_1 = \frac{1}{\lambda} = \frac{1}{2-2i} \times \frac{2+2i}{2+2i} = \frac{2+2i}{8} = \frac{1}{4} + \frac{1}{4}i.$$

The corresponding eigenvectors for the eigenvalues $\lambda_1 = \frac{1}{4} \pm i\frac{1}{4}$ are found as follows:

For $\lambda = \frac{1}{4} - i\frac{1}{4}$

$$\begin{pmatrix} \frac{1}{4} - \frac{1}{4} + i\frac{1}{4} & \frac{1}{4} \\ -\frac{1}{4} & \frac{1}{4} - \frac{1}{4} + i\frac{1}{4} \end{pmatrix}\begin{pmatrix} x_1 \\ x_2 \end{pmatrix} = \begin{pmatrix} 0 \\ 0 \end{pmatrix}$$

$$\begin{pmatrix} \frac{1}{4}i & \frac{1}{4} \\ -\frac{1}{4} & i\frac{1}{4} \end{pmatrix}\begin{pmatrix} x_1 \\ x_2 \end{pmatrix} = \begin{pmatrix} 0 \\ 0 \end{pmatrix}$$

$$\frac{1}{4}ix_1 + \frac{1}{4}x_2 = 0 \Rightarrow ix_1 = -x_2 = -k$$

$$-\frac{1}{4}x_1 + \frac{1}{4}ix_2 = 0 \qquad x_1 = ix_2 = ki$$

$$\begin{pmatrix} i \\ 1 \end{pmatrix}$$

For $\lambda = \frac{1}{4} + i\frac{1}{4}$

$$\begin{pmatrix} \frac{1}{4} - \frac{1}{4} - i\frac{1}{4} & \frac{1}{4} \\ -\frac{1}{4} & \frac{1}{4} - \frac{1}{4} - i\frac{1}{4} \end{pmatrix} \begin{pmatrix} x_1 \\ x_2 \end{pmatrix} = \begin{pmatrix} 0 \\ 0 \end{pmatrix}$$

$$\begin{pmatrix} -i\frac{1}{4} & \frac{1}{4} \\ -\frac{1}{4} & -i\frac{1}{4} \end{pmatrix} \begin{pmatrix} x_1 \\ x_2 \end{pmatrix} = \begin{pmatrix} 0 \\ 0 \end{pmatrix}$$

$$-i\frac{1}{4}x_1 + \frac{1}{4}x_2 = 0 \quad ix_1 = x_2 = k$$

$$-\frac{1}{4}x_1 - i\frac{1}{4}x_2 = 0 \quad x_1 = -ix_2 = -ki$$

$$\begin{pmatrix} -i \\ 1 \end{pmatrix}$$

The eigenvectors corresponding to the eigenvalues $\lambda = \frac{1}{4}, \lambda = \frac{1}{4} + i\frac{1}{4}$ are $\begin{pmatrix} i \\ 1 \end{pmatrix}$ and $\begin{pmatrix} -i \\ 1 \end{pmatrix}$ respectively.

If $\mathbf{A}$ is matrix with eigenvalues $\lambda_1, \lambda_2, \ldots \lambda_n$ then $\mathbf{A}^{-1}$ has eigenvalues $\frac{1}{\lambda_1}, \frac{1}{\lambda_2}, \ldots \frac{1}{\lambda_n}$ so long as $\mathbf{A}$ is non-singular and $\mathbf{A}$ and $\mathbf{A}^{-1}$ have the same eigenvectors.

$$(\mathbf{A} - \lambda\mathbf{I})\mathbf{x} = \mathbf{0}$$

$$\mathbf{Ax} - \lambda\mathbf{Ix} = \mathbf{0}$$

$$\mathbf{Ax} = \lambda\mathbf{x}$$

$$\mathbf{Ax}_i = \lambda_i\mathbf{x}_i \quad \ldots(1) \text{ where } i = 1, 2, \ldots n$$

multiply (1) by both sides by $\mathbf{A}$

$$\mathbf{A}^2\mathbf{x}_i = \mathbf{A}\lambda_i\mathbf{x}_i$$

$$= \lambda_i(\mathbf{Ax}_i)$$

$$= \lambda_i(\lambda_i\mathbf{x}_i)$$

$$\boxed{\mathbf{A}^2\mathbf{x}_i = \lambda_{i^2}\mathbf{x}_i}$$

For $\mathbf{A}$ the eigenvalues are $\lambda_1, \lambda_2, \ldots \lambda_n$. For $\mathbf{A}^2$ the eigenvalues are $\lambda_1^2, \lambda_2^2, \ldots \lambda_n^2$. The eigenvectors for both $\mathbf{A}$ and $\mathbf{A}^2$ are the same $\mathbf{x}_1, \mathbf{x}_2, \ldots \mathbf{x}_n$.

$$\mathbf{Ax}_i = \lambda_i\mathbf{x}_i \qquad \ldots(1)$$

adding $k\mathbf{Ix}_i$ to both sides of the equation (1)

$$\mathbf{Ax}_i + k\mathbf{Ix}_i = \lambda_i\mathbf{x}_i + k\mathbf{Ix}_i$$

$$\boxed{(\mathbf{A} + k\mathbf{I})\mathbf{x}_i = (\lambda_i + k)\mathbf{x}_i}$$

The eigenvalues are $\lambda_1 + k, \lambda_2 + k, \ldots \lambda_n + k$ and the eigenvectors are $x_1, x_2, \ldots x_n$.

The eigenvalues of $\mathbf{A}^{-1}$

$$\mathbf{Ax}_i = \lambda_i\mathbf{x}_i \qquad i = 1, 2, \ldots n$$

multiplying both sides by $\mathbf{A}^{-1}$

$$\mathbf{AA}^{-1}\mathbf{x}_i = \mathbf{A}^{-1}\lambda_i\mathbf{x}_i$$

$$\mathbf{x}_i = \mathbf{A}^{-1}\lambda_i\mathbf{x}_i$$

$$\mathbf{A}^{-1}\lambda_i\mathbf{x}_i = \mathbf{x}_i$$

$$\mathbf{A}^{-1}\mathbf{x}_i = \frac{\mathbf{x}_i}{\lambda_i}$$

If the eigenvalues of $\mathbf{A}$ are $\lambda_1, \lambda_2, \ldots \lambda_n$ then the eigenvalues of $\mathbf{A}^{-1}$ are $\frac{1}{\lambda_1}, \frac{1}{\lambda_2}, \ldots \frac{1}{\lambda_n}$ and the corresponding eigenvectors are the same $\mathbf{x}_1, \mathbf{x}_2, \ldots \mathbf{x}_n$.

Summary of Eigenvalues and Eigenvectors

The set of homogeneous linear simultaneous equations are given by

$$\boxed{\mathbf{Ax} = \lambda\mathbf{x}} \qquad \ldots(1)$$

where $\mathbf{A}$ is a known square matrix, has non-trivial solutions for various values of λ. These values of λ are called the eigenvalues of $\mathbf{A}$. For each eigenvalue λ there corresponds an infinite set of solutions to equation (1). Any non-zero solution $\mathbf{x}$ in this set is called an eigenvector.

To find the eigenvalues of $\mathbf{A}$, find the values of λ which satisfy the characteristic equation.

$$\boxed{\det(\mathbf{A} - \lambda\mathbf{I}) = \mathbf{O}}.$$

To find an eigenvector corresponding to an eigenvalue λ, find any non-zero solution of the equation

$$(\mathbf{A} - \lambda\mathbf{I})\mathbf{x} = \mathbf{O}.$$

The resulting eigenvector $\mathbf{x}$ is not unique.

Orthogonal matrix.

If **A** is non-singular square matrix (with real elements) then $|\mathbf{A}| \neq 0$.

A non-singular square matrix **A** is said to be orthogonal if $\boxed{\mathbf{A}^T\mathbf{A} = \mathbf{I}}$

$\mathbf{A}^T\mathbf{A}^{-1}\mathbf{A} = \mathbf{A}^{-1}\mathbf{I}$ but $\mathbf{A}^{-1}\mathbf{A} = \mathbf{I}$

$\mathbf{A}^T\mathbf{I} = \mathbf{A}^{-1}\mathbf{I}$

$\boxed{\mathbf{A}^T = \mathbf{A}^{-1}}$ where **I** is the unit matrix of the same order as **A**.

WORKED EXAMPLE 48

If $\mathbf{A} = \begin{pmatrix} 2 & -2 & -1 \\ 1 & 2 & -2 \\ 2 & 1 & 2 \end{pmatrix}$ find $\mathbf{A}^{-1}$ and $\mathbf{A}^T$ and show that **A**, $\mathbf{A}^{-1}$ and $\mathbf{A}^T$ are orthogonal matrices.

Solution 48

$\mathbf{A} = \begin{pmatrix} 2 & -2 & 1 \\ 1 & 2 & -2 \\ 2 & 1 & 2 \end{pmatrix}$, the cofactors,

$\mathbf{A}^* = \begin{pmatrix} 6 & -6 & -3 \\ 3 & 6 & -6 \\ 6 & 3 & 6 \end{pmatrix}$ the transpose of the cofactors is called the adjoint matrix.

$$\mathbf{A}^{*T} = \text{adj } \mathbf{A} = \begin{pmatrix} 6 & 3 & 6 \\ -6 & 6 & 3 \\ -3 & -6 & 6 \end{pmatrix},$$

$$|\mathbf{A}| = 2 \times 6 + 2 \times 6 - 1(-3) = 27$$

$$\mathbf{A}^{-1} = \frac{\mathbf{A}^{*T}}{|\mathbf{A}|}$$

$$= \frac{1}{27}\begin{pmatrix} 6 & 3 & 6 \\ -6 & 6 & 3 \\ -3 & -6 & 6 \end{pmatrix}$$

$$= \frac{1}{9}\begin{pmatrix} 2 & 1 & 2 \\ -2 & 2 & 1 \\ -1 & -2 & 2 \end{pmatrix}$$

$$\mathbf{A}^T = \begin{pmatrix} 2 & 1 & 2 \\ -2 & 2 & 1 \\ -1 & -2 & 2 \end{pmatrix},$$

$$\mathbf{A}^{-1}\mathbf{A} = \frac{1}{9}\begin{pmatrix} 2 & 1 & 2 \\ -2 & 2 & 1 \\ -1 & -2 & 2 \end{pmatrix}\begin{pmatrix} 2 & -2 & -1 \\ 1 & 2 & -2 \\ 2 & 1 & 2 \end{pmatrix}$$

$$= \frac{1}{9}\begin{pmatrix} 4+1+4 & 0 & 0 \\ 0 & 4+4+1 & 0 \\ 0 & 0 & 1+4+4 \end{pmatrix}$$

$$= \begin{pmatrix} 1 & 0 & 0 \\ 0 & 1 & 0 \\ 0 & 0 & 1 \end{pmatrix} = \mathbf{I}$$

$$\mathbf{A}^T\mathbf{A} = \begin{pmatrix} 2 & 1 & 2 \\ -2 & 2 & 1 \\ -1 & -2 & 2 \end{pmatrix}\begin{pmatrix} 2 & -2 & -1 \\ 1 & 2 & -2 \\ 2 & 1 & 2 \end{pmatrix}$$

$$= \begin{pmatrix} 9 & 0 & 0 \\ 0 & 9 & 0 \\ 0 & 0 & 9 \end{pmatrix} = 9\mathbf{I}.$$

Orthogonal vectors are vectors which are at right angles to each other. Therefore, in general, the matrix of order $m \times n$ has a transpose matrix of order $n \times m$.

The transpose of the sum of difference of two matrices is the sum or difference of their transposes

$$(\mathbf{A} + \mathbf{B})^T = \mathbf{A}^T + \mathbf{B}^T$$

$$(\mathbf{A} - \mathbf{B})^T = \mathbf{A}^T - \mathbf{B}^T.$$

WORKED EXAMPLE 49

If $\mathbf{A} = \begin{pmatrix} 1 & 3 \\ -2 & 4 \end{pmatrix}$ and $\mathbf{B} = \begin{pmatrix} -3 & -4 \\ 5 & 2 \end{pmatrix}$.

Show that

(i) $(\mathbf{A} + \mathbf{B})^T = \mathbf{A}^T + \mathbf{B}^T$

(ii) $(\mathbf{A} - \mathbf{B})^T = \mathbf{A}^T - \mathbf{B}^T$.

Solution 49

(i) $\mathbf{A} + \mathbf{B} = \begin{pmatrix} 1 & 3 \\ -2 & 4 \end{pmatrix} + \begin{pmatrix} -3 & -4 \\ 5 & 2 \end{pmatrix}$

$$= \begin{pmatrix} -2 & -1 \\ 3 & 6 \end{pmatrix}$$

$$(\mathbf{A} + \mathbf{B})^T = \begin{pmatrix} -2 & -1 \\ 3 & 6 \end{pmatrix}^T$$

$$= \begin{pmatrix} -2 & 3 \\ -1 & 6 \end{pmatrix}$$

$$\mathbf{A}^{\mathrm{T}} = \begin{pmatrix} 1 & -2 \\ 3 & 4 \end{pmatrix} \quad \mathbf{B}^{\mathrm{T}} = \begin{pmatrix} -3 & 5 \\ -4 & 2 \end{pmatrix}$$

$$\mathbf{A}^{\mathrm{T}} + \mathbf{B}^{\mathrm{T}} = \begin{pmatrix} 1 & -2 \\ 3 & 4 \end{pmatrix} + \begin{pmatrix} -3 & 5 \\ -4 & 2 \end{pmatrix} = \begin{pmatrix} -2 & 3 \\ -1 & 6 \end{pmatrix}$$

(ii) $\mathbf{A} - \mathbf{B} = \begin{pmatrix} 1 & 3 \\ -2 & 4 \end{pmatrix} - \begin{pmatrix} -3 & -4 \\ 5 & 2 \end{pmatrix} = \begin{pmatrix} 4 & 7 \\ -7 & 2 \end{pmatrix}$

$$(\mathbf{A} - \mathbf{B})^{\mathrm{T}} = \begin{pmatrix} 4 & 7 \\ -7 & 2 \end{pmatrix}^{\mathrm{T}} = \begin{pmatrix} 4 & -7 \\ 7 & 2 \end{pmatrix}$$

$$\mathbf{A}^{\mathrm{T}} = \begin{pmatrix} 1 & -2 \\ 3 & 4 \end{pmatrix} \quad \mathbf{B}^{\mathrm{T}} = \begin{pmatrix} -3 & 5 \\ -4 & 2 \end{pmatrix}$$

$$\mathbf{A}^{\mathrm{T}} - \mathbf{B}^{\mathrm{T}} = \begin{pmatrix} 1 & -2 \\ 3 & 4 \end{pmatrix} - \begin{pmatrix} -3 & 5 \\ -4 & 2 \end{pmatrix} = \begin{pmatrix} 4 & -7 \\ 7 & 2 \end{pmatrix}$$

Worked Example 50

Show that $(\mathbf{AB})^{\mathrm{T}} = \mathbf{B}^{\mathrm{T}}\mathbf{A}^{\mathrm{T}}$, that is, the transpose of the product of two matrices is the product in reverse order of their transposes.

Solution 50

Let **A** be of the order $p \times n$ and

B be of the order $n \times q$ then

the order of the product (**AB**) will be $p \times n$ times $n \times q = p \times q$ since the order n of the column of **A** and the order n of the row of **B** is the same.

$(\mathbf{AB})^{\mathrm{T}}$ will be of the order $q \times p$.

$\mathbf{B}^{\mathrm{T}}$ is of the order $q \times n$ and $\mathbf{A}^{\mathrm{T}}$ is of the order $n \times p$, and $B^{\mathrm{T}}A^{\mathrm{T}}$ is of the order $q \times p$.

Therefore $\boxed{(\mathbf{AB})^{\mathrm{T}} = \mathbf{B}^{\mathrm{T}}\mathbf{A}^{\mathrm{T}}}$

Worked Example 51

Show that $\mathbf{A}^{\mathrm{T}}\mathbf{A} = \mathbf{A}\mathbf{A}^{\mathrm{T}}$, if **A** (with real elements) is orthogonal.

Solution 51

If **A** is of the order $m \times n$ then $\mathbf{A}^{\mathrm{T}}$ will be of the order $n \times m$.

$\mathbf{A}^{\mathrm{T}}\mathbf{A}$ – $(n \times m)$ times $(m \times n) = n \times n$

$\mathbf{A}\mathbf{A}^{\mathrm{T}} = (m \times n)$ times $(n \times m) = m \times m$

Since **A** is orthogonal, then $\boxed{\mathbf{A}^{\mathrm{T}} = \mathbf{A}^{-1}}$ . . . (1)

post multiplying each side by **A** we have

$\mathbf{A}^{\mathrm{T}}\mathbf{A} = \mathbf{A}^{-1}\mathbf{A} = \mathbf{I}$

$\mathbf{A}^{\mathrm{T}}\mathbf{A} = \mathbf{I}.$

Pre-multiplying equation (1) by **A**

$\mathbf{A}\mathbf{A}^{\mathrm{T}} = \mathbf{A}\mathbf{A}^{-1} = \mathbf{I}$

where **I** is of the same order as **A**.

Therefore $\boxed{\mathbf{A}\mathbf{A}^{\mathrm{T}} = \mathbf{A}^{\mathrm{T}}\mathbf{A}}$

Worked Example 52

If **A** and **B** are two nth order orthogonal matrices show that their product **AB** is orthogonal.

Solution 52

$(\mathbf{AB})(\mathbf{AB})^{\mathrm{T}} = \mathbf{ABB}^{\mathrm{T}}\mathbf{A}^{\mathrm{T}} = \mathbf{I}$

similarly

$(\mathbf{AB})^{\mathrm{T}}(\mathbf{AB}) = \mathbf{B}^{\mathrm{T}}\mathbf{A}^{\mathrm{T}}\mathbf{AB} = \mathbf{I}$

hence from $\mathbf{A}^{\mathrm{T}}\mathbf{A} = \mathbf{A}\mathbf{A}^{\mathrm{T}} = \mathbf{I}$ it is seen that **AB** is orthogonal.

Worked Example 53

Show that $(\mathbf{AB})^{-1} = \mathbf{B}^{-1}\mathbf{A}^{-1}$, if **A** and **B** are non-singular matrices of the same order.

Solution 53

By definition

$(\mathbf{AB})^{-1}(\mathbf{AB}) = (\mathbf{AB})(\mathbf{AB})^{-1} = \mathbf{I}$

$(\mathbf{AB})^{-1}$ is unique

$\mathbf{B}^{-1}\mathbf{A}^{-1}\mathbf{AB} = \mathbf{B}^{-1}(\mathbf{A}^{-1}\mathbf{A})\mathbf{B} = \mathbf{B}^{-1}\mathbf{B} = \mathbf{I}$

$\mathbf{AB}(\mathbf{B}^{-1}\mathbf{A}^{-1}) = \mathbf{A}(\mathbf{BB}^{-1})\mathbf{A}^{-1} = \mathbf{AA}^{-1} = \mathbf{I}.$

Exercises 4

Find the eigenvalues and the corresponding eigenvectors for the following matrices:

1. $\begin{pmatrix} 2 & 2 \\ 2 & 2 \end{pmatrix}$

2. $\begin{pmatrix} 4 & 2 \\ 5 & 7 \end{pmatrix}$

3. $\begin{pmatrix} 1 & 1 \\ 1 & 1 \end{pmatrix}$

4. $\begin{pmatrix} 5 & 2 \\ 2 & 5 \end{pmatrix}$

5. $\begin{pmatrix} 2 & 5 \\ 5 & 2 \end{pmatrix}$

6. $\begin{pmatrix} 1 & 2 \\ 2 & 1 \end{pmatrix}$

7. $\begin{pmatrix} 2 & 3 \\ 3 & 10 \end{pmatrix}$

8. $\begin{pmatrix} 4 & 0 \\ 0 & 4 \end{pmatrix}$

9. $\begin{pmatrix} 5 & 3 \\ -3 & -1 \end{pmatrix}$

10. $\begin{pmatrix} 1 & -1 \\ 4 & 1 \end{pmatrix}$

Find the eigenvalues and the corresponding eigenvectors for the following matrices:

11. $\begin{pmatrix} 1 & 0 & 1 \\ -1 & 2 & 1 \\ 1 & -1 & 3 \end{pmatrix}$

12. $\begin{pmatrix} 1 & 0 & 0 \\ 0 & 1 & 0 \\ 0 & 0 & 1 \end{pmatrix}$

13. $\begin{pmatrix} -1 & 1 & 1 \\ 1 & -1 & 1 \\ 0 & 0 & 2 \end{pmatrix}$

14. $\begin{pmatrix} -2 & 0 & -1 \\ 1 & -1 & 1 \\ 2 & 2 & 0 \end{pmatrix}$

15. $\begin{pmatrix} 5 & 2 & 6 \\ 0 & 9 & 4 \\ 0 & 0 & 4 \end{pmatrix}$

16. $\begin{pmatrix} 0 & 2 & 2 \\ 2 & -1 & 0 \\ 2 & 0 & 1 \end{pmatrix}$

5

Transformations

Reflections.

Mirror line or line of reflection.

If A is a point object and A' is the point image or vice-versa, then the mirror line or line of reflection, is the perpendicular bisector of AA', $AO = A'O$ as shown in Fig. 9-I/8.

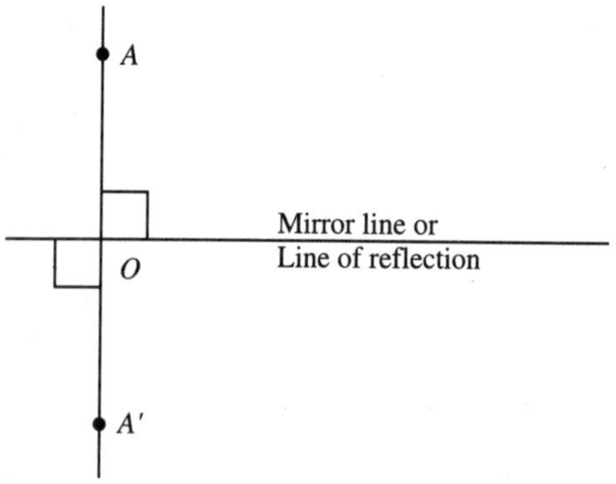

Fig. 9-I/8

The mirror line can be the x-axis, the y-axis or any other line of the form $y = mx + c$.

Properties of reflections.

(a) The size and shape of the object is the same as the size and shape of the image and vice-versa.

(b) The distance of the point object from the mirror line is the same as the distance of the point image from the mirror.

(c) The mirror line bisects the angle between a line and its image.

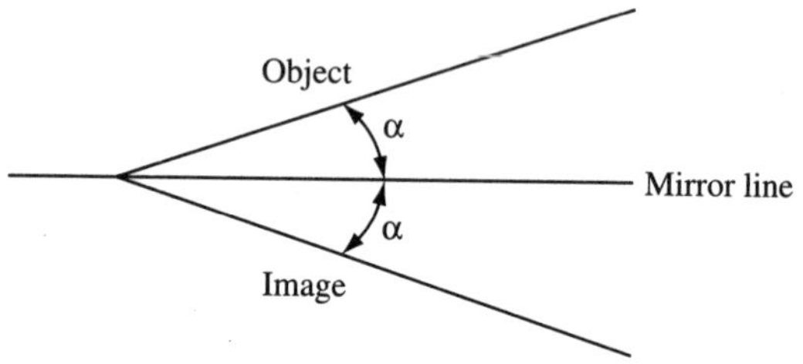

Fig. 9-I/9

(d) Reflection is its own inverse; A' is the image of A. A is the image of A'.

Reflection in the x-axis

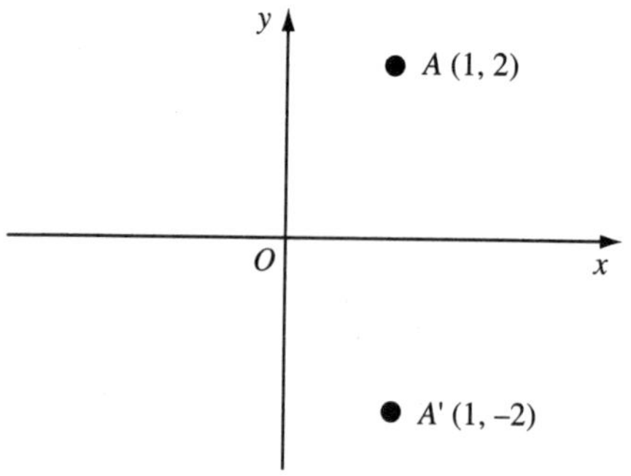

Fig. 9-I/10 Reflection in the x-axis

Let $A(1, 2)$ be the point object in Fig. 9-I/10, the distance from the x-axis is 2, the image from x-axis will be also 2, but since A is above the x-axis, the distance is positive, A' is below the x-axis, its y coordinate is -2. If the point object $A(1, 2)$, the point image is $A'(1, -2)$, and if $A'(1, -2)$ then its reflection in x-axis is $A(1, 2)$.

In general the point $P(x, y)$ maps to $P'(x, -y)$ when reflected in the x-axis. The ordered pairs $P(x, y)$ and $P'(x, -y)$ are written as column matrices

$\begin{pmatrix} x \\ y \end{pmatrix}$ and $\begin{pmatrix} x \\ -y \end{pmatrix}$.

How can we obtain $\begin{pmatrix} x \\ -y \end{pmatrix}$ from $\begin{pmatrix} x \\ y \end{pmatrix}$? By pre-multiplying the position vector $\begin{pmatrix} x \\ y \end{pmatrix}$ by the matrix $\begin{pmatrix} 1 & 0 \\ 0 & -1 \end{pmatrix}$.

$$\boxed{\begin{pmatrix} 1 & 0 \\ 0 & -1 \end{pmatrix}\begin{pmatrix} x \\ y \end{pmatrix} = \begin{pmatrix} x \\ -y \end{pmatrix}}$$

Worked Example 54

The vertices of a triangle are situated above the x-axis and are given $A(-3, 3)$, $B(0, 5)$ and $C(2, 4)$. Determine the coordinates of the reflected triangle in the x-axis.

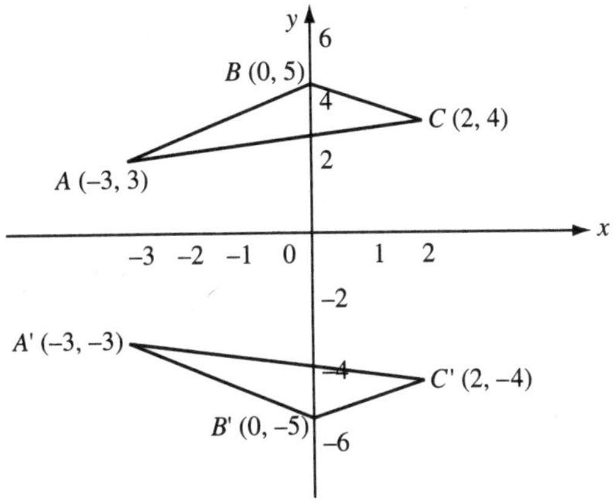

Fig. 9-I/11

Solution 54

The position vectors of the vertices are given by pre-multiplying the matrix by $\begin{pmatrix} 1 & 0 \\ 0 & -1 \end{pmatrix}$.

$$\begin{matrix} A & B & C \end{matrix}$$
$$\begin{pmatrix} -3 & 0 & 2 \\ 3 & 5 & 4 \end{pmatrix}$$

$$\underset{2\times 2}{\begin{pmatrix} 1 & 0 \\ 0 & -1 \end{pmatrix}}\underset{2\times 3}{\begin{pmatrix} -3 & 0 & 2 \\ 3 & 5 & 4 \end{pmatrix}} = \underset{2\times 3}{\begin{pmatrix} -3 & 0 & 2 \\ -3 & -5 & -4 \end{pmatrix}}.$$

The coordinates of the reflected triangle in the x-axis are $A'(-3, -3)$, $B'(0, -5)$ and $C'(2, -4)$.

Worked Example 55

The vertices of a parallelogram are given by $A'(-3, -4)$, $B'(3, -2)$, $C'(2, -6)$ and $D'(-4, -8)$. Determine the coordinates of the reflected parallelogram in the x-axis.

Solution 55

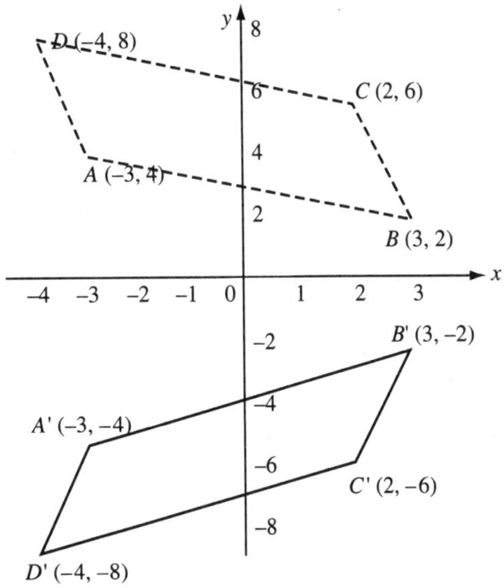

Fig. 9-I/12

$$\begin{matrix} A' & B' & C' & D' \end{matrix}$$
$$\begin{pmatrix} -3 & 3 & 2 & -4 \\ -4 & -2 & -6 & -8 \end{pmatrix} \text{ The matrix}$$

$$\begin{pmatrix} 1 & 0 \\ 0 & -1 \end{pmatrix}\overset{\begin{matrix} A' & B' & C' & D' \end{matrix}}{\begin{pmatrix} -3 & 3 & 2 & -4 \\ -4 & -2 & -6 & -8 \end{pmatrix}}$$

$$= \overset{\begin{matrix} A & B & C & D \end{matrix}}{\begin{pmatrix} -3 & 3 & 2 & -4 \\ 4 & 2 & 6 & 8 \end{pmatrix}}.$$

In both the above examples, we merely write down the matrix of the position vectors and pre-multiply by the matrix $\begin{pmatrix} 1 & 0 \\ 0 & -1 \end{pmatrix}$ in order to obtain the reflected shape in the x-axis.

Reflection in the y-axis

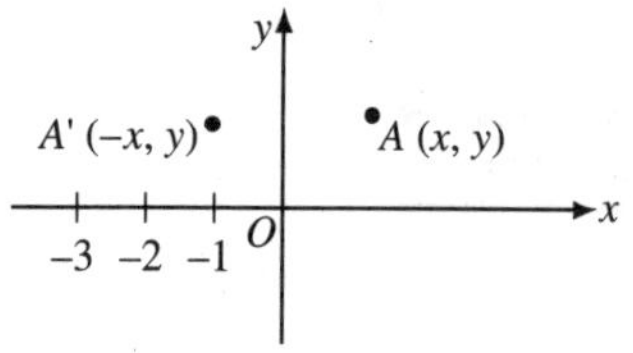

Fig. 9-I/13

The general point object $A(x, y)$ is reflected in the y-axis to the point image $A'(-x, y)$. This is achieved by pre-multiplying the position vector $\begin{pmatrix} x \\ y \end{pmatrix}$ by $\begin{pmatrix} -1 & 0 \\ 0 & 1 \end{pmatrix}$.

$$\boxed{\begin{pmatrix} -1 & 0 \\ 0 & 1 \end{pmatrix}\begin{pmatrix} x \\ y \end{pmatrix} = \begin{pmatrix} -x \\ y \end{pmatrix}}$$

Worked Example 56

A square $ABCD$ has the coordinate matrix

$$\begin{matrix} A & B & C & D \end{matrix}$$
$$\begin{pmatrix} 2 & 3 & 3 & 2 \\ 1 & 1 & 2 & 2 \end{pmatrix}$$

Determine the coordinate matrix of the reflected $A'B'C'D'$ square in the y-axis.

Solution 56

Pre-multiplying by $\begin{pmatrix} -1 & 0 \\ 0 & 1 \end{pmatrix}$ the matrix, we have:-

$$\begin{pmatrix} -1 & 0 \\ 0 & 1 \end{pmatrix}\overset{\begin{matrix} A & B & C & D \end{matrix}}{\begin{pmatrix} 2 & 3 & 3 & 2 \\ 1 & 1 & 2 & 2 \end{pmatrix}}$$

$$= \overset{\begin{matrix} A' & B' & C' & D' \end{matrix}}{\begin{pmatrix} -2 & -3 & -3 & -2 \\ 1 & 1 & 2 & 2 \end{pmatrix}}.$$

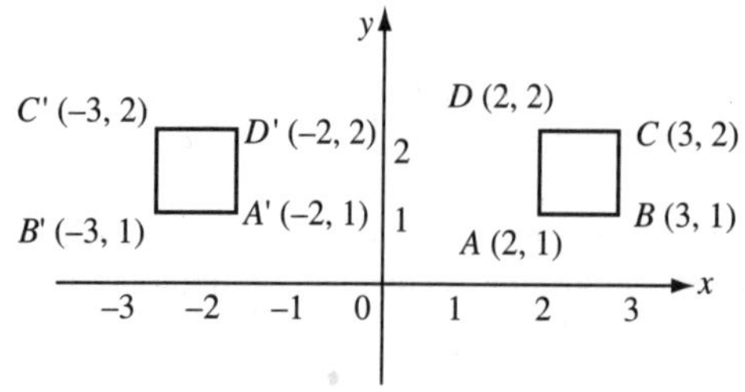

Fig. 9-I/14

Rotations of two and three dimensional position vectors.

The matrix $\begin{pmatrix} \cos\theta & \sin\theta \\ -\sin\theta & \cos\theta \end{pmatrix}$ is the transformation matrix for rotating a vector $\begin{pmatrix} x \\ y \end{pmatrix}$ clockwise through an angle θ.

The matrix $\begin{pmatrix} 1 & 0 & 0 \\ 0 & \cos\theta & \sin\theta \\ 0 & -\sin\theta & \cos\theta \end{pmatrix}$ is the transformation matrix for rotating a vector $\begin{pmatrix} x \\ y \\ z \end{pmatrix}$ through an angle θ about the x-axis.

The matrix $\begin{pmatrix} \cos\theta & 0 & -\sin\theta \\ 0 & 1 & 0 \\ \sin\theta & 0 & \cos\theta \end{pmatrix}$ is the transformation matrix for rotating a vector $\begin{pmatrix} x \\ y \\ z \end{pmatrix}$ through an angle θ about the y-axis. The matrix $\begin{pmatrix} \cos\theta & \sin\theta & 0 \\ -\sin\theta & \cos\theta & 0 \\ 0 & 0 & 1 \end{pmatrix}$ is the transformation matrix for rotating a vector $\begin{pmatrix} x \\ y \\ z \end{pmatrix}$ through an angle θ about the z-axis.

Worked Example 57

The following position vectors are rotated through the given angle find the new position vectors

(i) $\begin{pmatrix} 1 \\ 2 \end{pmatrix}$, 30°

(ii) $\begin{pmatrix} 3 \\ 4 \end{pmatrix}$, 90°

(iii) $\begin{pmatrix} -1 \\ 2 \end{pmatrix}$, 45°

(iv) $\begin{pmatrix} 2 \\ 2 \end{pmatrix}$, 60°

(v) $\begin{pmatrix} -1 \\ 3 \end{pmatrix}$, 120°

(vi) $\begin{pmatrix} 1 \\ 0 \end{pmatrix}$, 90°

(vii) $\begin{pmatrix} 1 \\ 0 \end{pmatrix}$, 180°

(viii) $\begin{pmatrix} 1 \\ 0 \end{pmatrix}$, 270°

(ix) $\begin{pmatrix} 1 \\ 0 \end{pmatrix}$, 360°.

Solution 57

(i) $\begin{pmatrix} \cos 30^\circ & \sin 30^\circ \\ -\sin 30^\circ & \cos 30^\circ \end{pmatrix}\begin{pmatrix} 1 \\ 2 \end{pmatrix}$

$$= \begin{pmatrix} \dfrac{\sqrt{3}}{2} & \dfrac{1}{2} \\ -\dfrac{1}{2} & \dfrac{\sqrt{3}}{2} \end{pmatrix}\begin{pmatrix} 1 \\ 2 \end{pmatrix}$$

$$= \begin{pmatrix} \dfrac{\sqrt{3}}{2} + 1 \\ -\dfrac{1}{2} + \sqrt{3} \end{pmatrix} = \begin{pmatrix} 1.866 \\ 1.232 \end{pmatrix}.$$

(ii) $\begin{pmatrix} \cos 90^\circ & \sin 90^\circ \\ -\sin 90^\circ & \cos 90^\circ \end{pmatrix}\begin{pmatrix} 3 \\ 4 \end{pmatrix}$

$$= \begin{pmatrix} 0 & 1 \\ -1 & 0 \end{pmatrix}\begin{pmatrix} 3 \\ 4 \end{pmatrix} = \begin{pmatrix} 4 \\ -3 \end{pmatrix}.$$

(iii) $\begin{pmatrix} \cos 45^\circ & \sin 45^\circ \\ -\sin 45^\circ & \cos 45^\circ \end{pmatrix}\begin{pmatrix} -1 \\ 2 \end{pmatrix}$

$$= \begin{pmatrix} \dfrac{1}{\sqrt{2}} & \dfrac{1}{\sqrt{2}} \\ -\dfrac{1}{\sqrt{2}} & \dfrac{1}{\sqrt{2}} \end{pmatrix}\begin{pmatrix} -1 \\ 2 \end{pmatrix}$$

$$= \begin{pmatrix} \dfrac{1}{\sqrt{2}} - \dfrac{2}{\sqrt{2}} \\ \dfrac{1}{\sqrt{2}} + \dfrac{2}{\sqrt{2}} \end{pmatrix} = \begin{pmatrix} -\dfrac{1}{\sqrt{2}} \\ \dfrac{3}{\sqrt{2}} \end{pmatrix}$$

$$= \begin{pmatrix} -0.707 \\ 2.121 \end{pmatrix}.$$

(iv) $\begin{pmatrix} \cos 60^\circ & \sin 60^\circ \\ -\sin 60^\circ & \cos 60^\circ \end{pmatrix}\begin{pmatrix} 2 \\ 2 \end{pmatrix}$

$$= \begin{pmatrix} \dfrac{1}{2} & \dfrac{\sqrt{3}}{2} \\ -\dfrac{\sqrt{3}}{2} & \dfrac{1}{2} \end{pmatrix}\begin{pmatrix} 2 \\ 2 \end{pmatrix}$$

$$= \begin{pmatrix} 1 + \sqrt{3} \\ -\sqrt{3} + 1 \end{pmatrix} = \begin{pmatrix} 2.732 \\ -0.732 \end{pmatrix}.$$

(v) $\begin{pmatrix} \cos 120^\circ & \sin 120^\circ \\ -\sin 120^\circ & \cos 120^\circ \end{pmatrix}\begin{pmatrix} -1 \\ 3 \end{pmatrix}$

$$= \begin{pmatrix} -\dfrac{1}{2} & \dfrac{\sqrt{3}}{2} \\ -\dfrac{\sqrt{3}}{2} & -\dfrac{1}{2} \end{pmatrix}\begin{pmatrix} -1 \\ 3 \end{pmatrix}$$

$$= \begin{pmatrix} \dfrac{1}{2} + \dfrac{3\sqrt{3}}{2} \\ \dfrac{\sqrt{3}}{2} - \dfrac{3}{2} \end{pmatrix} = \begin{pmatrix} 0.5 + 3 \times 0.866 \\ 0.866 - 1.5 \end{pmatrix}$$

$$= \begin{pmatrix} 0.5 + 2.598 \\ 0.866 - 1.5 \end{pmatrix} = \begin{pmatrix} 3.098 \\ -0.634 \end{pmatrix}.$$

(vi) $\begin{pmatrix} \cos 90^\circ & \sin 90^\circ \\ -\sin 90^\circ & \cos 90^\circ \end{pmatrix}\begin{pmatrix} 1 \\ 0 \end{pmatrix}$

$$= \begin{pmatrix} 0 & 1 \\ -1 & 0 \end{pmatrix}\begin{pmatrix} 1 \\ 0 \end{pmatrix} = \begin{pmatrix} 0 \\ -1 \end{pmatrix}.$$

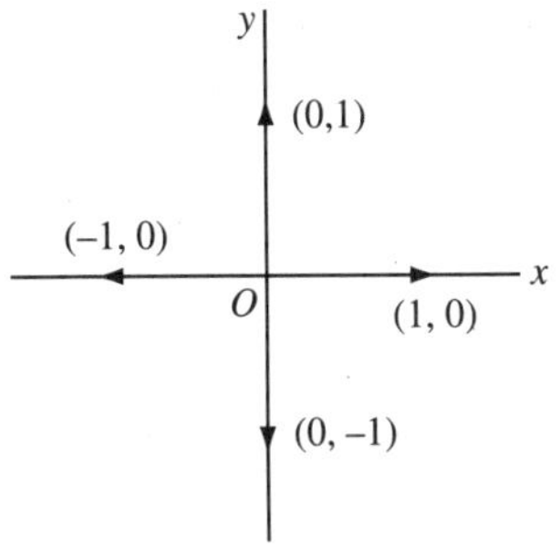

Fig. 9-I /15

(vii) $\begin{pmatrix} \cos 180^\circ & \sin 180^\circ \\ -\sin 180^\circ & \cos 180^\circ \end{pmatrix}\begin{pmatrix} 1 \\ 0 \end{pmatrix}$

$$= \begin{pmatrix} -1 & 0 \\ 0 & -1 \end{pmatrix}\begin{pmatrix} 1 \\ 0 \end{pmatrix} = \begin{pmatrix} -1 \\ 0 \end{pmatrix}.$$

(viii) $\begin{pmatrix} \cos 270^\circ & \sin 270^\circ \\ -\sin 270^\circ & \cos 270^\circ \end{pmatrix}\begin{pmatrix} 1 \\ 0 \end{pmatrix}$

$$= \begin{pmatrix} 0 & -1 \\ 1 & 0 \end{pmatrix}\begin{pmatrix} 1 \\ 0 \end{pmatrix} = \begin{pmatrix} 0 \\ 1 \end{pmatrix}.$$

(ix) $\begin{pmatrix} \cos 360^\circ & \sin 360^\circ \\ -\sin 360^\circ & \cos 360^\circ \end{pmatrix}\begin{pmatrix} 1 \\ 0 \end{pmatrix}$

$$= \begin{pmatrix} 1 & 0 \\ 0 & 1 \end{pmatrix}\begin{pmatrix} 1 \\ 0 \end{pmatrix} = \begin{pmatrix} 1 \\ 0 \end{pmatrix}.$$

Linear transformations of the $x - y$ plane.

Let $X = ax + by$ ...(1)

and $Y = cx + dy$ ...(2)

be a linear transformation of the $x - y$ plane, where the mapping of the point (x, y) on the point (X, Y) is required. Equations (1) and (2) may be written in matrix form

$$\begin{pmatrix} X \\ Y \end{pmatrix} = \begin{pmatrix} a & b \\ c & d \end{pmatrix}\begin{pmatrix} x \\ y \end{pmatrix} = \mathbf{T}\begin{pmatrix} x \\ y \end{pmatrix}$$

where $\mathbf{T} = \begin{pmatrix} a & b \\ c & d \end{pmatrix}$ = transformation, mapping the vector $\mathbf{p} = \begin{pmatrix} x \\ y \end{pmatrix}$ on the vector $\mathbf{Tp} = \begin{pmatrix} X \\ Y \end{pmatrix}$.

Worked Example 58

A square *OABC* is given by the coordinates $O(0, 0)$, $C(3, 0)$, $B(3, 3)$ and $A(0, 3)$. Determine the coordinates of the transformed $\mathbf{T}'$ by the matrix $\mathbf{M}$.

If $\mathbf{M} = \begin{pmatrix} 1 & 0 \\ 0 & -1 \end{pmatrix}$, $\mathbf{M} = \begin{pmatrix} -1 & 0 \\ 0 & 1 \end{pmatrix}$ and $\mathbf{M}$ equal to the following:

(i) $\begin{pmatrix} 1 & 1 \\ 1 & 1 \end{pmatrix}$

(ii) $\begin{pmatrix} 0 & 1 \\ 1 & 0 \end{pmatrix}$

(iii) $\begin{pmatrix} 1 & 1 \\ 1 & 0 \end{pmatrix}$

(iv) $\begin{pmatrix} 1 & 0 \\ 0 & 1 \end{pmatrix}$

(v) $\begin{pmatrix} 1 & 0 \\ 1 & 0 \end{pmatrix}$

(vi) $\begin{pmatrix} 0 & 0 \\ 0 & 1 \end{pmatrix}$

(vii) $\begin{pmatrix} 0 & 0 \\ 1 & 1 \end{pmatrix}$

(viii) $\begin{pmatrix} 1 & 1 \\ 0 & 1 \end{pmatrix}$

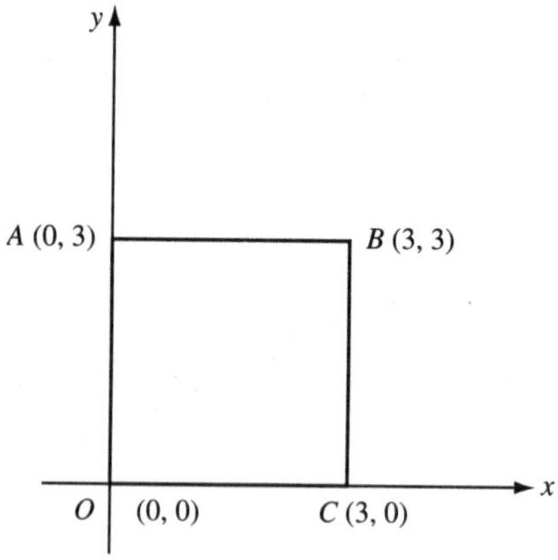

Fig. 9-I/16

Solution 58

The coordinates of the vertices of the square *OABC* are given $O(0, 0)$, $C(3, 0)$, $B(3, 3)$ and $A(0, 3)$. These points can be written as a matrix

$$\mathbf{T} = \begin{pmatrix} 0 & 3 & 3 & 0 \\ 0 & 0 & 3 & 3 \end{pmatrix} \quad (\text{columns } O\ C\ B\ A).$$

We would like to map this square $\mathbf{T}$ into $\mathbf{T}'$ by the matrix $\mathbf{M}$, we can say that $\mathbf{T}$ has been transformed into $\mathbf{T}'$ by the matrix $\mathbf{M}$, $\mathbf{M}$ describes the transformation.

When $\mathbf{M} = \begin{pmatrix} 1 & 0 \\ 0 & -1 \end{pmatrix}$

$$\mathbf{MT} = \begin{pmatrix} 1 & 0 \\ 0 & -1 \end{pmatrix}\begin{pmatrix} 0 & 3 & 3 & 0 \\ 0 & 0 & 3 & 3 \end{pmatrix} = \begin{pmatrix} 0 & 3 & 3 & 0 \\ 0 & 0 & -3 & -3 \end{pmatrix}$$

$\mathbf{T}$ has been transformed to $\mathbf{T}'$

The transformation $\mathbf{M} = \begin{pmatrix} 1 & 0 \\ 0 & -1 \end{pmatrix}$ is a reflection in the x-axis

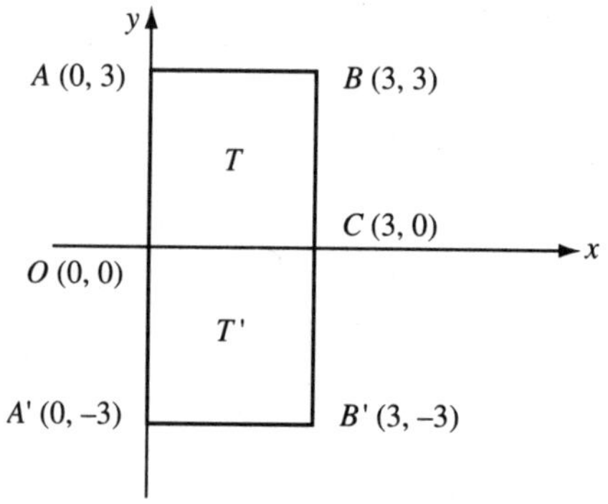

Fig. 9-I/17

When $\mathbf{M} = \begin{pmatrix} -1 & 0 \\ 0 & 1 \end{pmatrix}$

$$\mathbf{MT} = \begin{pmatrix} -1 & 0 \\ 0 & 1 \end{pmatrix}\begin{pmatrix} 0 & 3 & 3 & 0 \\ 0 & 0 & 3 & 3 \end{pmatrix}$$

$$= \begin{pmatrix} 0 & -3 & -3 & 0 \\ 0 & 0 & 3 & 3 \end{pmatrix}$$

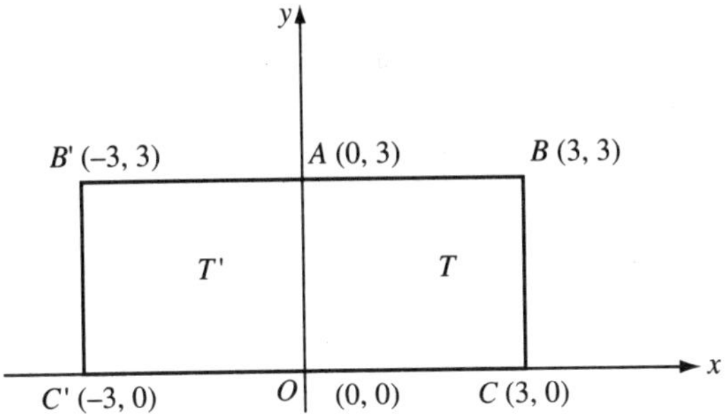

Fig. 9-I/18

The transformation $\mathbf{M} = \begin{pmatrix} -1 & 0 \\ 0 & 1 \end{pmatrix}$ is a reflection in the y-axis.

(i) $\begin{pmatrix} 1 & 1 \\ 1 & 1 \end{pmatrix}\begin{pmatrix} 0 & 3 & 3 & 0 \\ 0 & 0 & 3 & 3 \end{pmatrix}$

$$= \begin{pmatrix} 0 & 3 & 6 & 3 \\ 0 & 3 & 6 & 3 \end{pmatrix}$$

(ii) $\begin{pmatrix} 0 & 1 \\ 1 & 0 \end{pmatrix}\begin{pmatrix} 0 & 3 & 3 & 0 \\ 0 & 0 & 3 & 3 \end{pmatrix} = \begin{pmatrix} 0 & 0 & 3 & 3 \\ 0 & 3 & 3 & 0 \end{pmatrix}$

(iii) $\begin{pmatrix} 1 & 1 \\ 1 & 0 \end{pmatrix}\begin{pmatrix} 0 & 3 & 3 & 0 \\ 0 & 0 & 3 & 3 \end{pmatrix}$

$$= \begin{pmatrix} 0 & 3 & 6 & 3 \\ 0 & 3 & 3 & 0 \end{pmatrix}$$

(iv) $\begin{pmatrix} 1 & 0 \\ 0 & 1 \end{pmatrix}\begin{pmatrix} 0 & 3 & 3 & 0 \\ 0 & 0 & 3 & 3 \end{pmatrix} = \begin{pmatrix} 0 & 3 & 3 & 0 \\ 0 & 0 & 3 & 3 \end{pmatrix}$

(v) $\begin{pmatrix} 1 & 0 \\ 1 & 0 \end{pmatrix}\begin{pmatrix} 0 & 3 & 3 & 0 \\ 0 & 0 & 3 & 3 \end{pmatrix}$

$$= \begin{pmatrix} 0 & 3 & 3 & 0 \\ 0 & 3 & 3 & 0 \end{pmatrix}$$

(vi) $\begin{pmatrix} 0 & 0 \\ 0 & 1 \end{pmatrix}\begin{pmatrix} 0 & 3 & 3 & 0 \\ 0 & 0 & 3 & 3 \end{pmatrix}$

$$= \begin{pmatrix} 0 & 0 & 0 & 0 \\ 0 & 0 & 3 & 3 \end{pmatrix}$$

(vii) $\begin{pmatrix} 0 & 0 \\ 1 & 1 \end{pmatrix}\begin{pmatrix} 0 & 3 & 3 & 0 \\ 0 & 0 & 3 & 3 \end{pmatrix} = \begin{pmatrix} 0 & 0 & 0 & 0 \\ 0 & 3 & 6 & 3 \end{pmatrix}$

(viii) $\begin{pmatrix} 1 & 1 \\ 0 & 1 \end{pmatrix}\begin{pmatrix} 0 & 3 & 3 & 0 \\ 0 & 0 & 3 & 3 \end{pmatrix} = \begin{pmatrix} 0 & 3 & 6 & 3 \\ 0 & 0 & 3 & 3 \end{pmatrix}$

(i)

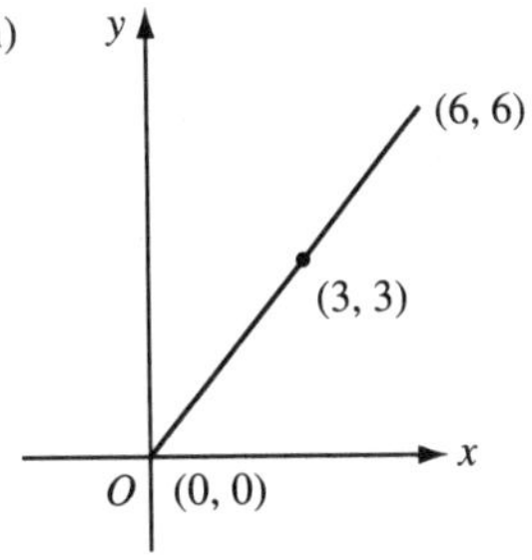

Fig. 9-I/19

(ii)

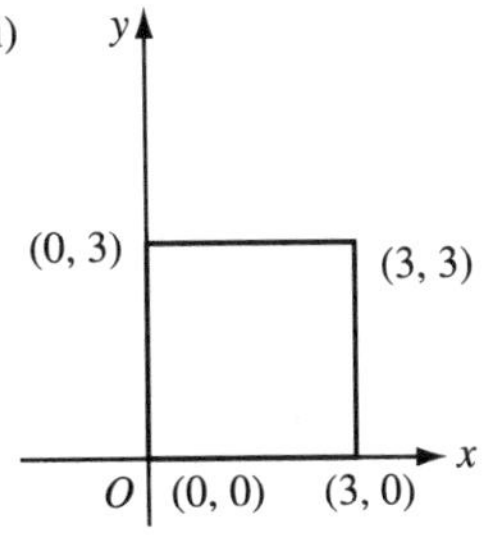

Fig. 9-I/20

(iii)

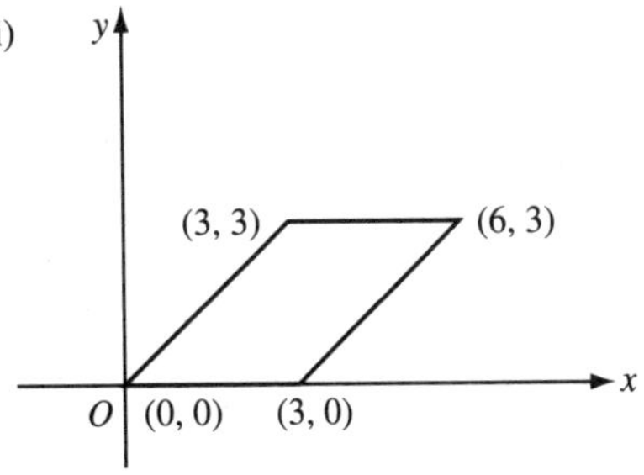

Fig. 9-I/21

(iv)

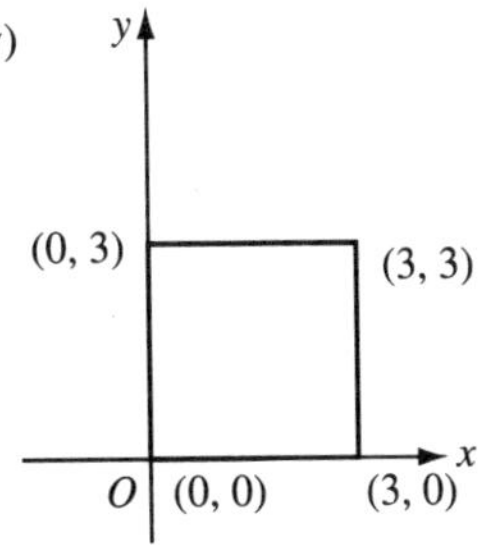

Fig. 9-I/22

(v)

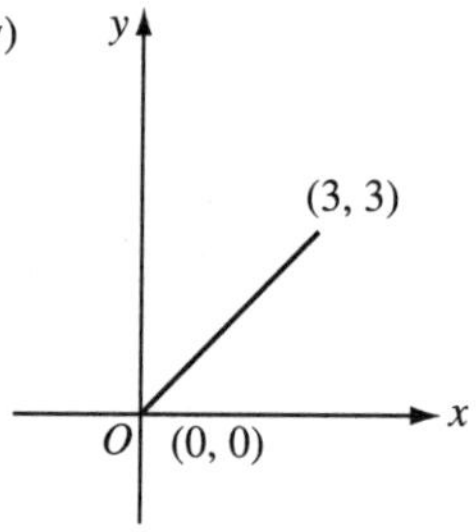

Fig. 9-I/23

(vi)

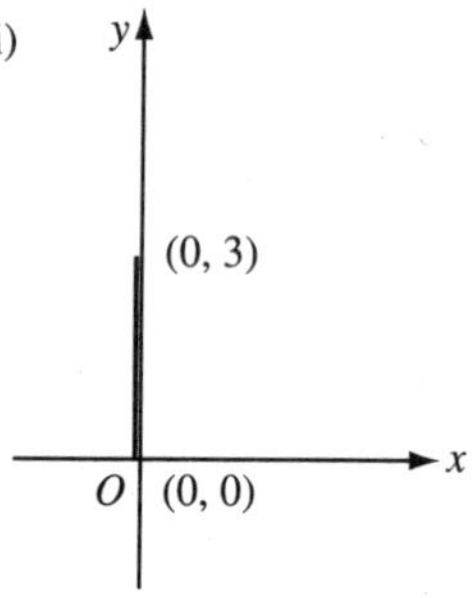

Fig. 9-I/24

(vii)

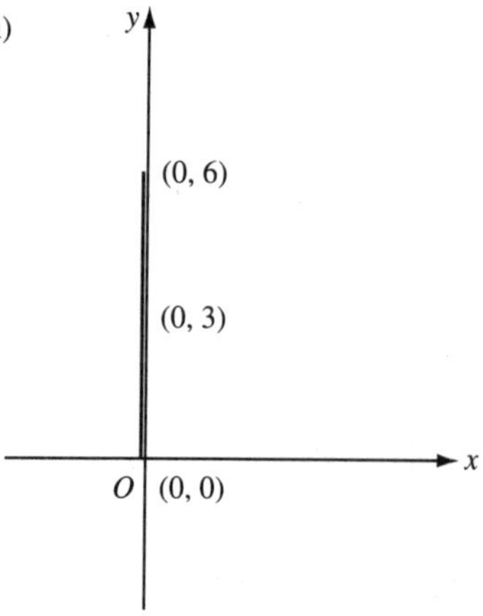

Fig. 9-I/25

(viii)

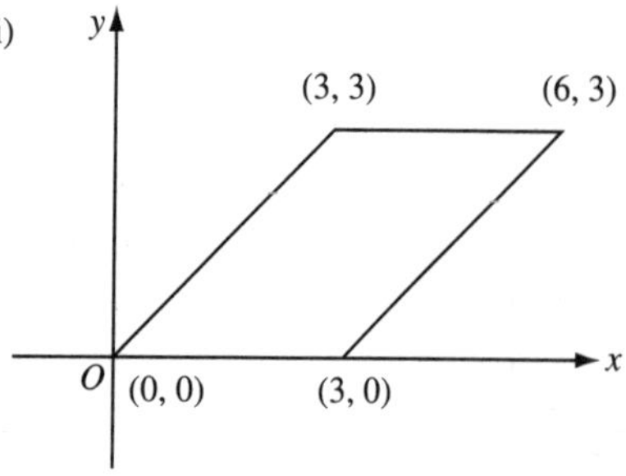

Fig. 9-I/26

Rotation about the origin through 90° in a clockwise direction

$$\begin{pmatrix} 0 & 1 \\ -1 & 0 \end{pmatrix}\begin{pmatrix} x \\ y \end{pmatrix} = \begin{pmatrix} y \\ -x \end{pmatrix}$$

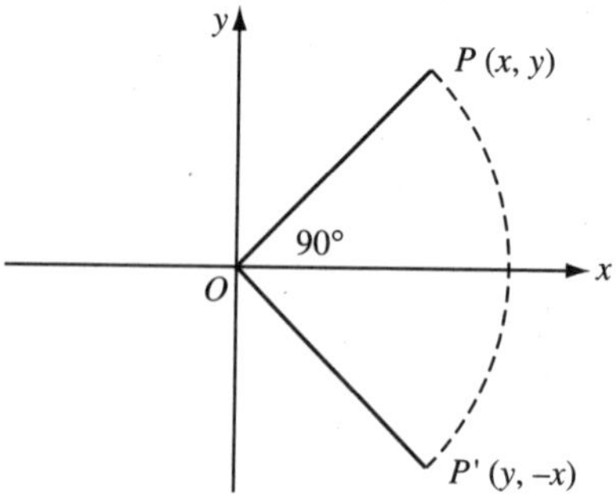

Fig. 9-I/27

WORKED EXAMPLE 59

Determine the coordinates of the rectangle which rotate about the origin through 90° in a clockwise direction. The rectangle is given by the matrix

$$\mathbf{T} = \begin{pmatrix} 0 & 0 & 1 & 1 \\ 0 & 3 & 3 & 0 \end{pmatrix}.$$

Solution 59

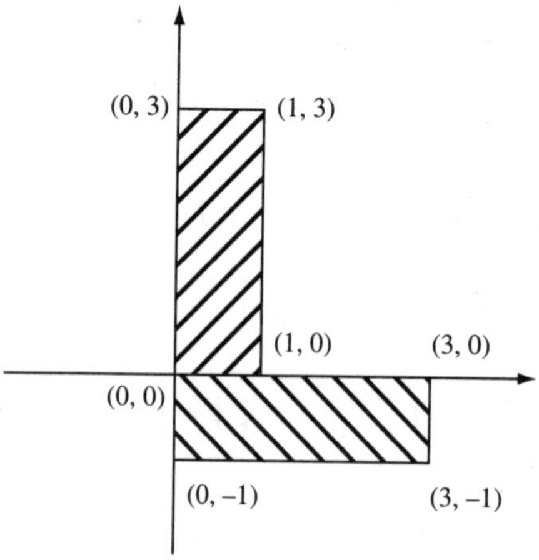

Fig. 9-I/28

Pre-multiplying the matrix **T** by the $\mathbf{M} = \begin{pmatrix} 0 & 1 \\ -1 & 0 \end{pmatrix}$ transformation we have,

$$\begin{pmatrix} 0 & 1 \\ -1 & 0 \end{pmatrix}\begin{pmatrix} 0 & 0 & 1 & 1 \\ 0 & 3 & 3 & 0 \end{pmatrix} = \begin{pmatrix} 0 & 3 & 3 & 0 \\ 0 & 0 & -1 & -1 \end{pmatrix}$$

Reduction and enlargement

$$\begin{pmatrix} k & 0 \\ 0 & k \end{pmatrix}\begin{pmatrix} x \\ y \end{pmatrix} = \begin{pmatrix} kx \\ ky \end{pmatrix}$$

If $k < 1$, the transformation denotes reduction.

If $k > 1$, the transformation denotes enlargement.

Stretch or shear parallel to the X-axis

$$\begin{pmatrix} 1 & k \\ 0 & 1 \end{pmatrix}\begin{pmatrix} x \\ y \end{pmatrix} = \begin{pmatrix} x + ky \\ y \end{pmatrix}$$

Stretch or shear parallel to the Y-axis

$$\begin{pmatrix} 1 & 0 \\ k & 1 \end{pmatrix}\begin{pmatrix} x \\ y \end{pmatrix} = \begin{pmatrix} x \\ kx + y \end{pmatrix}$$

WORKED EXAMPLE 60

Determine

(i) the shear parallel to the x-axis

(ii) the shear parallel to the y-axis

for the matrix $\begin{pmatrix} 0 & 1 & 2 \\ 1 & 0 & 2 \end{pmatrix}$.

Solution 60

(i) $\begin{pmatrix} 1 & 2 \\ 0 & 1 \end{pmatrix}\begin{pmatrix} 0 & 1 & 2 \\ 1 & 0 & 2 \end{pmatrix} = \begin{pmatrix} 2 & 1 & 6 \\ 1 & 0 & 2 \end{pmatrix}$

(ii) $\begin{pmatrix} 1 & 0 \\ 2 & 1 \end{pmatrix}\begin{pmatrix} 0 & 1 & 2 \\ 1 & 0 & 2 \end{pmatrix} = \begin{pmatrix} 0 & 1 & 2 \\ 1 & 2 & 6 \end{pmatrix}$

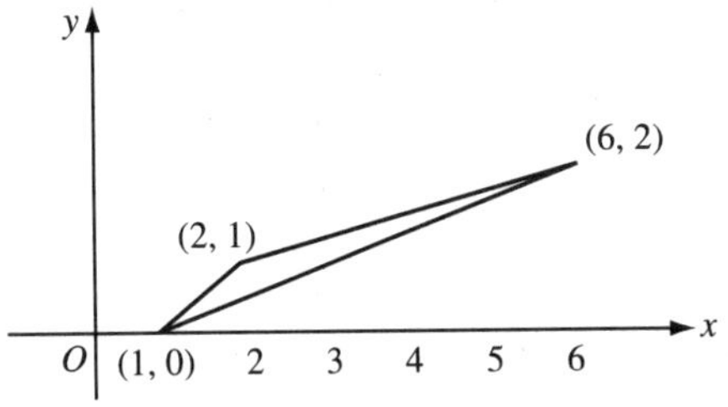

Fig. 9-I/29 Stretch or shear parallel to x-axis

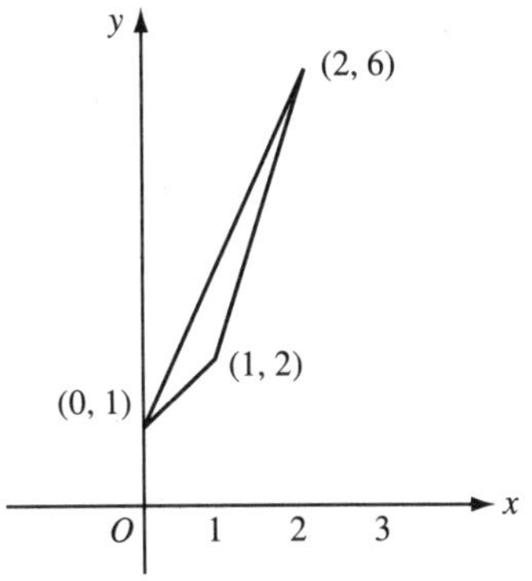

Fig. 9-I/30 Stretch or shear parallel to y-axis

Transformation with a singular matrix

$\begin{pmatrix} a & b \\ ka & kb \end{pmatrix}$ singular matrix

since $\begin{vmatrix} a & b \\ ka & kb \end{vmatrix} = akb - kab = 0$

$$\begin{pmatrix} a & b \\ ka & kb \end{pmatrix}\begin{pmatrix} x \\ y \end{pmatrix} = \begin{pmatrix} ax + by \\ kax + kby \end{pmatrix} = \begin{pmatrix} x' \\ y' \end{pmatrix}.$$

The transformed coordinates x' and y' lies on a straight line.

WORKED EXAMPLE 61

A triangle has the following vertices $A(0, 1)$, $B(1, 0)$ and $C(3, 3)$.

Find the coordinates of the triangle:-

(i) reflected in the x-axis

(ii) reflected in the y-axis

(iii) rotated about the origin through 90° in a clockwise direction

(iv) reduced by the transformation $\begin{pmatrix} \frac{1}{2} & 0 \\ 0 & \frac{1}{2} \end{pmatrix}$

(v) enlarged by the transformation $\begin{pmatrix} 2 & 0 \\ 0 & 2 \end{pmatrix}$.

Solution 61

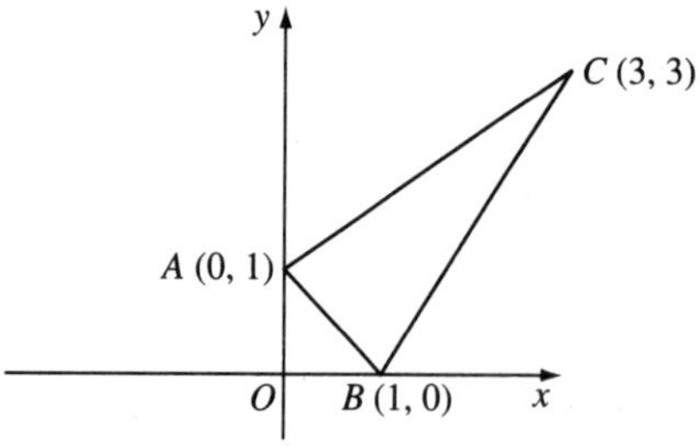

Fig. 9-I/31

(i) $M = \begin{pmatrix} 1 & 0 \\ 0 & -1 \end{pmatrix}$ the transformation matrix for reflection in the x-axis.

$$\begin{pmatrix} 1 & 0 \\ 0 & -1 \end{pmatrix}\begin{pmatrix} 0 & 1 & 3 \\ 1 & 0 & 3 \end{pmatrix} = \begin{pmatrix} 0 & 1 & 3 \\ -1 & 0 & -3 \end{pmatrix}$$

$2 \times 2 \qquad 2 \times 3$

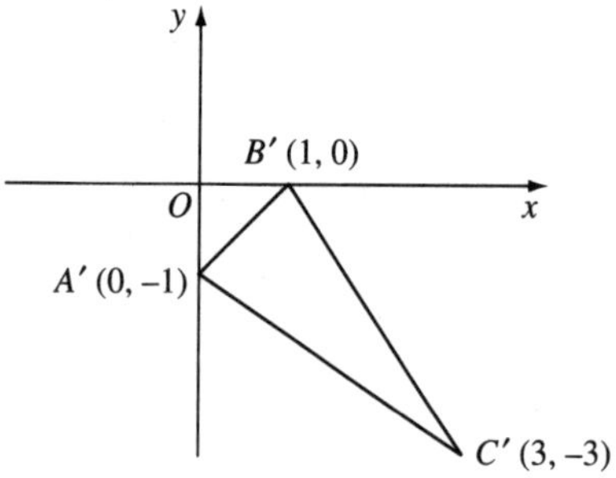

Fig. 9-I/32 Reflection in the x-axis

(ii) $M = \begin{pmatrix} -1 & 0 \\ 0 & 1 \end{pmatrix}$ the transformation matrix for reflection in the y-axis.

$$\begin{pmatrix} -1 & 0 \\ 0 & 1 \end{pmatrix}\begin{pmatrix} 0 & 1 & 3 \\ 1 & 0 & 3 \end{pmatrix} = \begin{pmatrix} 0 & -1 & -3 \\ 1 & 0 & 3 \end{pmatrix}$$

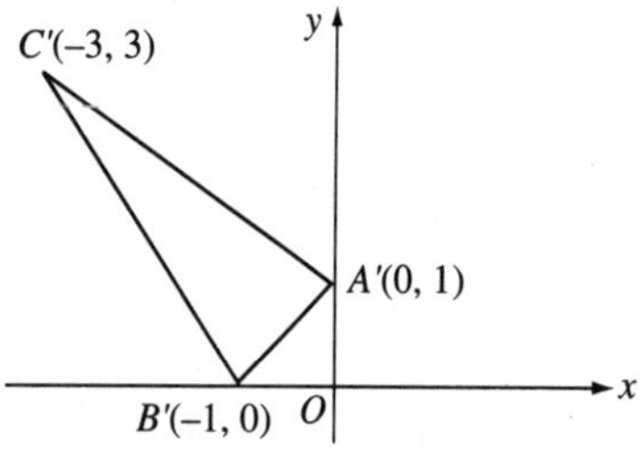

Fig. 9-I/33 Reflection in y-axis

(iii) $M = \begin{pmatrix} 0 & 1 \\ -1 & 0 \end{pmatrix}$ the transformation matrix for rotating the triangle about the origin through 90° in a clockwise direction.

$$\begin{pmatrix} 0 & 1 \\ -1 & 0 \end{pmatrix}\begin{pmatrix} 0 & 1 & 3 \\ 1 & 0 & 3 \end{pmatrix} = \begin{pmatrix} 1 & 0 & 3 \\ 0 & -1 & -3 \end{pmatrix}$$

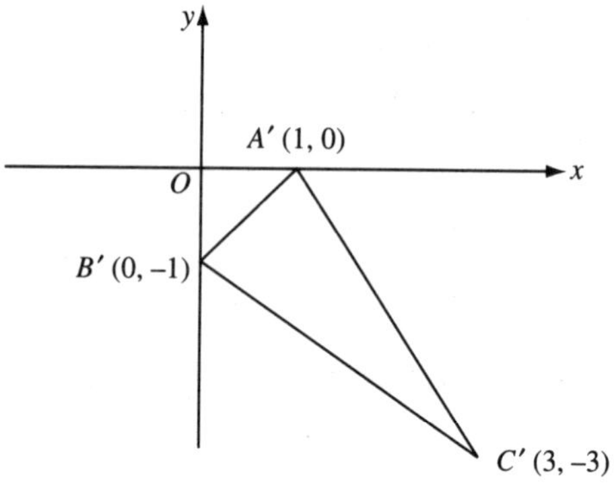

Fig. 9-I/34 Rotation

(iv) $$\begin{pmatrix} \frac{1}{2} & 0 \\ 0 & \frac{1}{2} \end{pmatrix}\begin{pmatrix} 0 & 1 & 3 \\ 1 & 0 & 3 \end{pmatrix} = \begin{pmatrix} 0 & \frac{1}{2} & \frac{3}{2} \\ \frac{1}{2} & 0 & \frac{3}{2} \end{pmatrix}$$

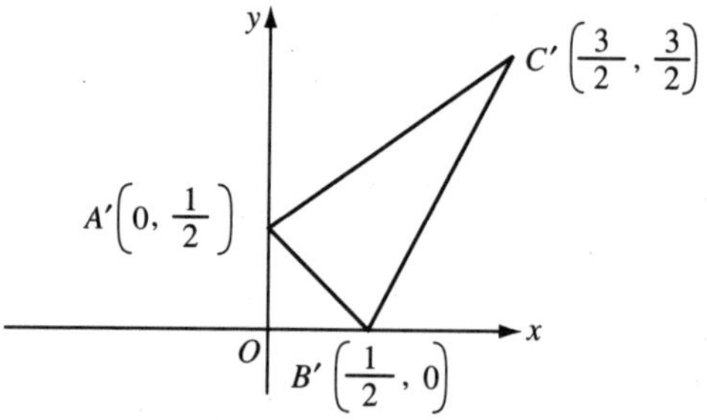

Fig. 9-I/35 Reduction

(v) $$\begin{pmatrix} 2 & 0 \\ 0 & 2 \end{pmatrix}\begin{pmatrix} 0 & 1 & 3 \\ 1 & 0 & 3 \end{pmatrix} = \begin{pmatrix} 0 & 2 & 6 \\ 2 & 0 & 6 \end{pmatrix}$$

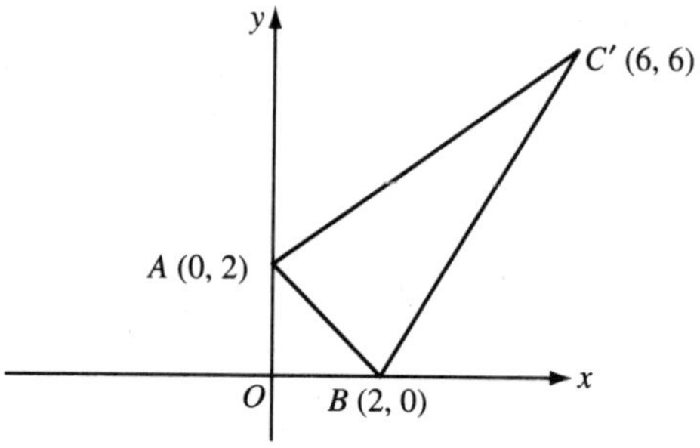

Fig. 9-I/36 Enlargement

WORKED EXAMPLE 62

Find the matrix which describes a reflection in $x+y=0$.

Solution 62

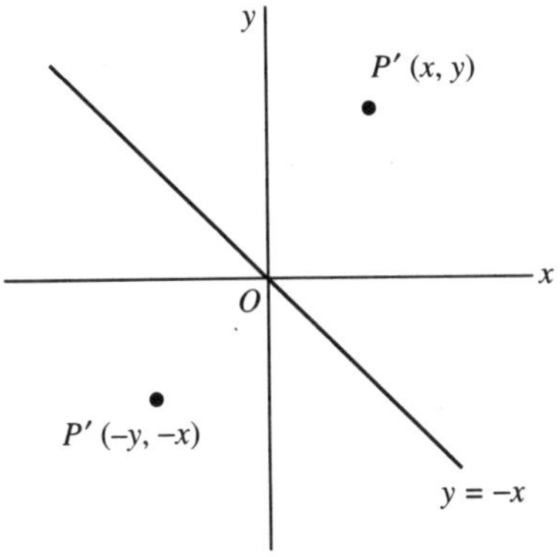

Fig. 9-I/37

$$\begin{pmatrix} a & b \\ c & d \end{pmatrix}\begin{pmatrix} x \\ y \end{pmatrix} = \begin{pmatrix} -y \\ -x \end{pmatrix}$$

$$\begin{pmatrix} ax+by \\ cx+dy \end{pmatrix} = \begin{pmatrix} -y \\ -x \end{pmatrix} \Rightarrow \begin{array}{l} ax+by=-y \\ cx+dy=-x \end{array}$$

$a=0 \quad b=-1 \quad c=-1 \quad d=0.$

Therefore $\begin{pmatrix} 0 & -1 \\ -1 & 0 \end{pmatrix}$ is the required matrix.

WORKED EXAMPLE 63

Find the matrix which describes a reflection in $y-x=0$.

Solution 63

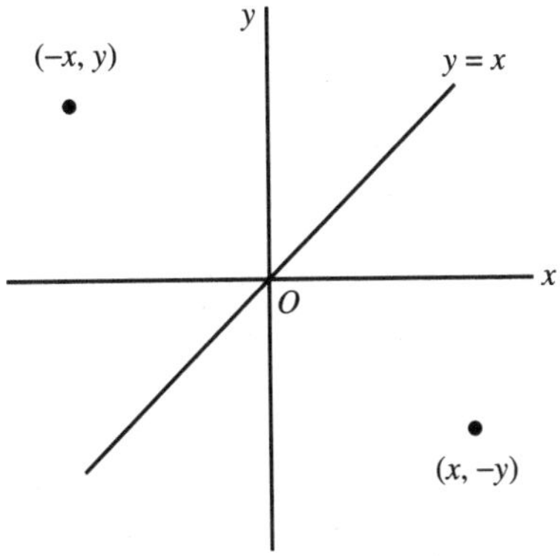

Fig. 9-I/38

$$\begin{pmatrix} a & b \\ c & d \end{pmatrix}\begin{pmatrix} -x \\ y \end{pmatrix} = \begin{pmatrix} -y \\ x \end{pmatrix}$$

$$\begin{pmatrix} -ax+by \\ -cx+dy \end{pmatrix} = \begin{pmatrix} -y \\ x \end{pmatrix}$$

$$\Rightarrow \begin{array}{l} -ax+by=-y \\ -cx+dy=x. \end{array}$$

$a=0 \quad b=-1$

$c=-1 \quad d=0.$

Therefore $\begin{pmatrix} 0 & -1 \\ -1 & 0 \end{pmatrix}$ is the required matrix.

Three dimensional transformations.

$$\begin{pmatrix} a_{11} & a_{12} & a_{13} \\ a_{21} & a_{22} & a_{23} \\ a_{31} & a_{32} & a_{33} \end{pmatrix}\begin{pmatrix} x \\ y \\ z \end{pmatrix} = \begin{pmatrix} X \\ Y \\ Z \end{pmatrix} \qquad \ldots(1)$$

The point $P(x, y, z)$ is transformed to the point $P'(X, Y, Z)$.

Equation (1) gives the linear equations

$$a_{11}x + a_{12}y + a_{13}z = X$$
$$a_{21}x + a_{22}y + a_{23}z = Y$$
$$a_{31}x + a_{32}y + a_{33}z = Z.$$

Equation (1) can be written as

$$\mathbf{M}\begin{pmatrix} x \\ y \\ z \end{pmatrix} = \begin{pmatrix} X \\ Y \\ Z \end{pmatrix}$$

where $\mathbf{M}$ is a 3×3 matrix, and is considered as an operator transforming P to P'.

Determine the matrix M in order to perform a given transformation.

WORKED EXAMPLE 64

Determine the matrix $\mathbf{M}$ such that the point $P(x, y, z)$ is rotated through 90° (anticlockwise) about oz to the point $P'(X, Y, Z)$ by the transformation

$$\mathbf{M}\begin{pmatrix} x \\ y \\ z \end{pmatrix} = \begin{pmatrix} X \\ Y \\ Z \end{pmatrix}.$$

Solution 64

The unit vectors **i, j** and **k** can be represented as $(1, 0, 0)$, $(0, 1, 0)$, and $(0, 0, 1)$ respectively, or as column vectors of $\begin{pmatrix}1\\0\\0\end{pmatrix}$, $\begin{pmatrix}0\\1\\0\end{pmatrix}$, and $\begin{pmatrix}0\\0\\1\end{pmatrix}$.

The required matrix **M** is given

$$\mathbf{M} = \begin{pmatrix}0 & -1 & 0\\1 & 0 & 0\\0 & 0 & 1\end{pmatrix}$$

since **M** maps $\mathbf{i} \to \begin{pmatrix}0\\1\\0\end{pmatrix}$, $\mathbf{j} \to \begin{pmatrix}-1\\0\\0\end{pmatrix}$, and

$$\mathbf{k} \to \begin{pmatrix}0\\0\\1\end{pmatrix},$$

$$\text{so } \begin{pmatrix}1\\0\\0\end{pmatrix} \to \begin{pmatrix}0\\1\\0\end{pmatrix},$$

$$\begin{pmatrix}0\\1\\0\end{pmatrix} \to \begin{pmatrix}-1\\0\\0\end{pmatrix} \quad \text{and}$$

$$\begin{pmatrix}0\\0\\1\end{pmatrix} \to \begin{pmatrix}0\\0\\1\end{pmatrix}.$$

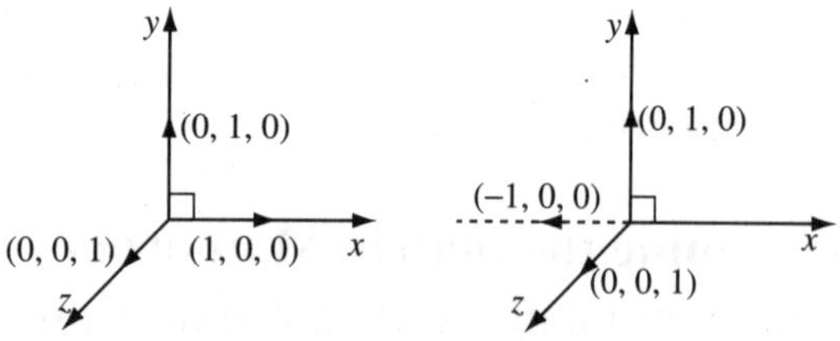

Fig. 9-I/39

Worked Example 65

Determine the matrix **M** such that the point $P(x, y, z)$ is rotated through $-90°$ (clockwise) about oz to the point $P'(X, Y, Z)$ by the transformation

$$\mathbf{M}\begin{pmatrix}x\\y\\z\end{pmatrix} = \begin{pmatrix}X\\Y\\Z\end{pmatrix}.$$

Solution 65

$$\begin{pmatrix}1\\0\\0\end{pmatrix} \to \begin{pmatrix}0\\-1\\0\end{pmatrix},$$

$$\begin{pmatrix}0\\1\\0\end{pmatrix} \to \begin{pmatrix}1\\0\\0\end{pmatrix},$$

$$\begin{pmatrix}0\\0\\1\end{pmatrix} \to \begin{pmatrix}0\\0\\1\end{pmatrix}$$

The required matrix is given

$$\mathbf{M} = \begin{pmatrix}0 & 1 & 0\\-1 & 0 & 0\\0 & 0 & 1\end{pmatrix}.$$

Worked Example 66

Determine the matrix **M** such that the point $P(x, y, z)$ is rotated through 90° about oy to the point $P'(X, Y, Z)$ by the transformation

$$\mathbf{M}\begin{pmatrix}x\\y\\z\end{pmatrix} = \begin{pmatrix}X\\Y\\Z\end{pmatrix}.$$

Solution 66

$$\begin{pmatrix}1\\0\\0\end{pmatrix} \to \begin{pmatrix}0\\0\\-1\end{pmatrix},$$

$$\begin{pmatrix}0\\1\\0\end{pmatrix} \to \begin{pmatrix}0\\1\\0\end{pmatrix},$$

$$\begin{pmatrix}0\\0\\1\end{pmatrix} \to \begin{pmatrix}1\\0\\0\end{pmatrix}.$$

Therefore $\mathbf{M} = \begin{pmatrix}0 & 0 & 1\\0 & 1 & 0\\-1 & 0 & 0\end{pmatrix}.$

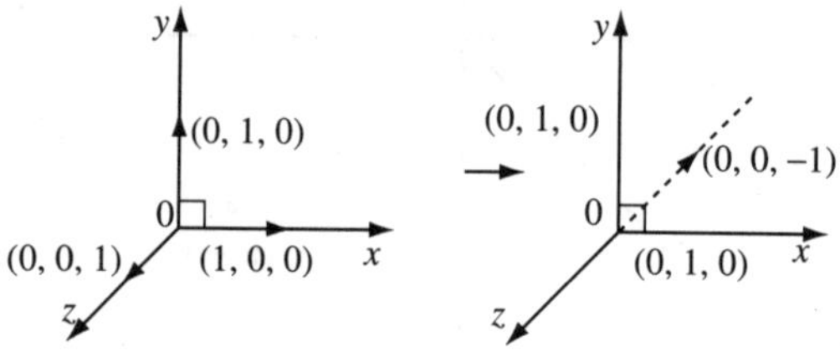

Fig. 9-I/40

Consider the set of equations

$$a_{11}x + a_{12}y + a_{13}z = b_1$$
$$a_{21}x + a_{22}y + a_{23}z = b_2$$
$$a_{31}x + a_{32}y + a_{33}z = b_3.$$

These equation can be written in matrix form as

$$\mathbf{A}\begin{pmatrix} x \\ y \\ z \end{pmatrix} = \begin{pmatrix} b_1 \\ b_2 \\ b_3 \end{pmatrix} \qquad \ldots (1)$$

where $\mathbf{A} = \begin{pmatrix} a_{11} & a_{12} & a_{13} \\ a_{21} & a_{22} & a_{23} \\ a_{31} & a_{32} & a_{33} \end{pmatrix}$

Multiplying (1) by $\mathbf{A}^{-1}$

$$\mathbf{A}^{-1}\mathbf{A}\begin{pmatrix} x \\ y \\ z \end{pmatrix} = \mathbf{A}^{-1}\begin{pmatrix} b_1 \\ b_2 \\ b_3 \end{pmatrix}$$

$$\begin{pmatrix} x \\ y \\ z \end{pmatrix} = \mathbf{A}^{-1}\begin{pmatrix} b_1 \\ b_2 \\ b_3 \end{pmatrix}.$$

We have seen previously how to obtain the inverse matrix $\mathbf{A}^{-1}$, which could be quiet tedious.

Systematic elimination Echelon form of a matrix.

Consider a numerical example.

Worked Example 67

Solve the three simultaneous linear equations using systematic reduction to produce an echelon matrix.

$$x + y + z = 0 \qquad \ldots (1)$$
$$2x + 3y - 3z = 16 \qquad \ldots (2)$$
$$-x - 4y + 2z = -12 \qquad \ldots (3)$$

Solution 67

These equations can be expressed in a matrix form as

$$\begin{pmatrix} 1 & 1 & 1 \\ 2 & 3 & -3 \\ -1 & -4 & 2 \end{pmatrix}\begin{pmatrix} x \\ y \\ z \end{pmatrix} = \begin{pmatrix} 0 \\ 16 \\ -12 \end{pmatrix}.$$

Eliminate z from (1) and (2), that is, $3(1) + (2)$ and $2(2) + 3(3)$.

$$3x + 3y + 3z = 0$$
$$2x + 3y - 3z = 16$$
$$5x + 6y = 16$$

$$4x + 6y - 6z = 32$$
$$-3x - 12y + 6z = -36$$
$$x - 6y = -4$$

$$5x + 6y = 16 \qquad \ldots (4)$$
$$x - 6y = -4 \qquad \ldots (5)$$
$$-x - 4y + 2z = -12 \qquad \ldots (6)$$

In matrix for these are

$$\begin{pmatrix} 5 & 6 & 0 \\ 1 & -6 & 0 \\ -1 & -4 & 2 \end{pmatrix}\begin{pmatrix} x \\ y \\ z \end{pmatrix} = \begin{pmatrix} 16 \\ -4 \\ -12 \end{pmatrix}$$

Eliminate y from (4), that is, $(4) + (5)$

$$6x = 12$$
$$x - 6y = -4$$
$$-x - 4y + 2z = -12.$$

In matrix form these are

$$\begin{pmatrix} 6 & 0 & 0 \\ 1 & -6 & 0 \\ -1 & -4 & 2 \end{pmatrix}\begin{pmatrix} x \\ y \\ z \end{pmatrix} = \begin{pmatrix} 12 \\ -4 \\ -12 \end{pmatrix}.$$

This matrix resulted with zeros above the leading diagonal. This matrix is called an echelon matrix. {echelon = ladder (Greek)}
Solving these equations we have

$$6x = 12 \qquad \ldots (7)$$
$$x - 6y = -4 \qquad \ldots (8)$$
$$-x - 4y + 2z = -12 \qquad \ldots (9)$$

From (7) $\boxed{x = 2}$ $\qquad \ldots (10)$

substituting this value in (8)

$$2 - 6y = -4$$
$$\boxed{y = 1} \qquad \ldots (11)$$

substituting these values in (9)

$$-2 - 4 + 2z = -12$$
$$2z = -6$$
$$\boxed{z = -3}$$

Augmented matrix.

The augmented matrix of the three linear equation is given

$$\begin{matrix} r_1 \\ r_2 \\ r_3 \end{matrix} \begin{pmatrix} 1 & 1 & 1 & : & 0 \\ 2 & 3 & -3 & : & 16 \\ -1 & -4 & 2 & : & -12 \end{pmatrix}$$

Eliminate x from r_2 and r_3

$$2r_3 + r_2 \Rightarrow \begin{pmatrix} 1 & 1 & 1 & : & 0 \\ 2 & 3 & -3 & : & 16 \\ 0 & -5 & 1 & : & -8 \end{pmatrix}$$

$$r_2 - 2r_1 \Rightarrow \begin{pmatrix} 1 & 1 & 1 & : & 0 \\ 0 & 1 & -5 & : & 16 \\ 0 & -5 & 1 & : & -8 \end{pmatrix}$$

$$r_3 + 5r_2 \Rightarrow \begin{pmatrix} 1 & 1 & 1 & : & 0 \\ 0 & 1 & -5 & : & 16 \\ 0 & 0 & -24 & : & 72 \end{pmatrix}$$

This matrix resulted with zeros below the leading diagonal. This matrix is called an echelon matrix.

$$x + y + z = 0 \qquad \ldots (1)$$

$$y - 5z = 16 \qquad \ldots (2)$$

$$-24z = 72 \qquad \ldots (3)$$

Form (3) $\boxed{z = -3}$

Substituting in (2) $\quad y - 5(-3) = 16$

$$\boxed{y = 1}$$

substituting $y = 1$ and $z = -3$ in (1)

$$\boxed{x = 2}$$

Worked Example 68

Find the echelon matrix for the augmented matrix

$$\begin{pmatrix} 5 & -1 & 3 & : & -18 \\ 3 & 2 & -1 & : & -5 \\ -1 & 3 & 2 & : & -7 \end{pmatrix}$$

and hence solve the simultaneous equations

$$5x - y + 3z = -18$$

$$3x + 2y - z = -5$$

$$-x + 3y + 2z = -7.$$

Solution 68

$$\begin{matrix} r_1 & \rightarrow \\ r_2 & \rightarrow \\ r_3 & \rightarrow \end{matrix} \begin{pmatrix} 5 & -1 & 3 & : & -18 \\ 3 & 2 & -1 & : & -5 \\ -1 & 3 & 2 & : & -7 \end{pmatrix}$$

$$3r_3 + r_2 \Rightarrow \begin{pmatrix} 5 & -1 & 3 & : & -18 \\ 3 & 2 & -1 & : & -5 \\ 0 & 11 & 5 & : & -26 \end{pmatrix}$$

$$5r_2 - 3r_1 \Rightarrow \begin{pmatrix} 5 & -1 & 3 & : & -18 \\ 0 & 13 & -14 & : & 29 \\ 0 & 11 & 5 & : & -26 \end{pmatrix}$$

$$13r_3 - 11r_2 \Rightarrow \begin{pmatrix} 5 & -1 & 3 & : & -18 \\ 0 & 13 & -14 & : & 29 \\ 0 & 0 & 219 & : & -657 \end{pmatrix}$$

$$219z = -657$$

$$\boxed{z = -3}$$

$$13y - 14z = 29$$

$$\boxed{y = -1}$$

$$5x - y + 3z = -18$$

$$5x + 1 - 9 = -18$$

$$\boxed{x = -2}$$

The inverse matrix by reduction.

Consider the equation

$$\begin{pmatrix} 1 & 1 & 1 \\ 2 & 3 & -3 \\ -1 & -4 & 2 \end{pmatrix} \begin{pmatrix} x \\ y \\ z \end{pmatrix} = \begin{pmatrix} 0 \\ 16 \\ -12 \end{pmatrix}$$

$$\begin{pmatrix} 1 & 1 & 1 \\ 2 & 3 & -3 \\ -1 & -4 & 2 \end{pmatrix} \begin{pmatrix} x \\ y \\ z \end{pmatrix} = \begin{pmatrix} 1 & 0 & 0 \\ 0 & 1 & 0 \\ 0 & 0 & 1 \end{pmatrix} \begin{pmatrix} 0 \\ 16 \\ -12 \end{pmatrix}$$

$$\begin{matrix} r_1 & \rightarrow \\ r_2 & \rightarrow \\ r_3 & \rightarrow \end{matrix} \begin{pmatrix} 1 & 1 & 1 & : & 1 & 0 & 0 \\ 2 & 3 & -3 & : & 0 & 1 & 0 \\ -1 & -4 & 2 & : & 0 & 0 & 1 \end{pmatrix}$$

$$r_3 + r_1 \Rightarrow \begin{pmatrix} 1 & 1 & 1 & : & 1 & 0 & 0 \\ 2 & 3 & -3 & : & 0 & 1 & 0 \\ 0 & -3 & 3 & : & 1 & 0 & 1 \end{pmatrix}$$

$$r_2 - 2r_1 \Rightarrow \begin{pmatrix} 1 & 1 & 1 & : & 1 & 0 & 0 \\ 0 & 1 & -5 & : & -2 & 1 & 0 \\ 0 & -3 & 3 & : & 1 & 0 & 1 \end{pmatrix}$$

$$r_2 + 3r_2 \Rightarrow \begin{pmatrix} 1 & 1 & 1 & : & 1 & 0 & 0 \\ 0 & 1 & -5 & : & -2 & 1 & 0 \\ 0 & 0 & -12 & : & -5 & 3 & 1 \end{pmatrix}$$

$$5r_1 + r_2 \Rightarrow \begin{pmatrix} 5 & 6 & 0 & : & 3 & 1 & 0 \\ 0 & 1 & -5 & : & -2 & 1 & 0 \\ 0 & 0 & -12 & : & -5 & 3 & 1 \end{pmatrix}$$

$$12r_2 - 5r_3 \Rightarrow \begin{pmatrix} 5 & 6 & 0 & : & 3 & 1 & 0 \\ 0 & 12 & 0 & : & 1 & -3 & -5 \\ 0 & 0 & -12 & : & -5 & 3 & 1 \end{pmatrix}$$

$$2r_1 - r_2 \Rightarrow \begin{pmatrix} 10 & 0 & 0 & : & 5 & 5 & 5 \\ 0 & 12 & 0 & : & 1 & -3 & -5 \\ 0 & 0 & -12 & : & -5 & 3 & 1 \end{pmatrix}$$

$$\frac{1}{10}r_1, \frac{1}{12}r_2, -\frac{1}{12}r_3$$

$$\Rightarrow \begin{pmatrix} 1 & 0 & 0 & : & \frac{1}{2} & \frac{1}{2} & \frac{1}{2} \\ 0 & 1 & 0 & : & \frac{1}{12} & -\frac{3}{12} & -\frac{5}{12} \\ 0 & 0 & 1 & : & \frac{5}{12} & -\frac{3}{12} & -\frac{1}{12} \end{pmatrix}$$

$$\begin{pmatrix} 1 & 0 & 0 \\ 0 & 1 & 0 \\ 0 & 0 & 1 \end{pmatrix}\begin{pmatrix} x \\ y \\ z \end{pmatrix}$$

$$= \begin{pmatrix} \frac{1}{2} & \frac{1}{2} & \frac{1}{2} \\ \frac{1}{12} & -\frac{3}{12} & -\frac{5}{12} \\ \frac{5}{12} & -\frac{3}{12} & -\frac{1}{12} \end{pmatrix}\begin{pmatrix} 0 \\ 16 \\ -12 \end{pmatrix}$$

$$x = \frac{16}{2} - \frac{12}{2} = 2$$

$$\boxed{x = 2}$$

$$y = -\frac{3}{12} \times 16 + \frac{5}{12} \times 12$$

$$y = -4 + 5 = 1$$

$$\boxed{y = 1}$$

$$z = -\frac{3}{12} \times 16 + \frac{1}{12} \times 12$$

$$\boxed{z = -3}$$

The upper and lower triangular matrices.

Let **U** be the upper triangular matrix and **L** be the lower triangular matrix.

$$\mathbf{U} = \begin{pmatrix} u_{11} & u_{12} & u_{13} \\ 0 & u_{22} & u_{23} \\ 0 & 0 & u_{33} \end{pmatrix}$$

$$\mathbf{L} = \begin{pmatrix} l_{11} & 0 & 0 \\ l_{21} & l_{22} & 0 \\ l_{31} & l_{32} & l_{33} \end{pmatrix}.$$

The matrix must be a square one in which if the elements below the diagonal elements are zero, it is called the upper triangular matrix, and if all the elements above the diagonal elements are zero, it is called the lower triangular matrix.

Consider a square 3×3 matrix

$$\mathbf{A} = \begin{pmatrix} a_{11} & a_{12} & a_{13} \\ a_{21} & a_{22} & a_{23} \\ a_{31} & a_{32} & a_{33} \end{pmatrix}.$$

We would like to decompose the matrix **A** into **LU** = **A**. This is the well known method of *CHOLESKY*.

$$\begin{pmatrix} l_{11} & 0 & 0 \\ l_{21} & l_{22} & 0 \\ l_{31} & l_{32} & l_{33} \end{pmatrix}\begin{pmatrix} 1 & u_{12} & u_{13} \\ 0 & 1 & u_{23} \\ 0 & 0 & 1 \end{pmatrix}$$

$$= \begin{pmatrix} a_{11} & a_{12} & a_{13} \\ a_{21} & a_{22} & a_{23} \\ a_{31} & a_{32} & a_{33} \end{pmatrix}.$$

$$\begin{pmatrix} l_{11} & l_{11}u_{12} & l_{11}u_{13} \\ l_{21} & l_{21}u_{12} + l_{22} & l_{21}u_{13} + l_{22}u_{23} \\ l_{31} & l_{31}u_{12} + l_{32} & l_{31}u_{13} + l_{32}u_{23} + l_{33} \end{pmatrix}$$

$$= \begin{pmatrix} a_{11} & a_{12} & a_{13} \\ a_{21} & a_{22} & a_{23} \\ a_{31} & a_{32} & a_{33} \end{pmatrix}.$$

Equating the corresponding elements we have

$l_{11} = a_{11}, \quad l_{11}u_{12} = a_{12}, \quad l_{11}u_{13} = a_{13}$

$l_{21} = a_{21}, \quad l_{21}u_{12} + l_{22} = a_{22}, \quad l_{21}u_{13} + l_{22}u_{23} = a_{23}$

$l_{31} = a_{31}, \quad l_{31}u_{12} + l_{32} = a_{32},$
$l_{31}u_{13} + l_{32}u_{33} + l_{33} = a_{33}.$

WORKED EXAMPLE 69

Solve the system of equations

$$x + y + z = 0 \qquad \ldots(1)$$

$$2x + 3y - 3z = 16 \qquad \ldots(2)$$

$$-x - 4y + 2z = -12 \qquad \ldots(3)$$

by decomposing the matrix

$$\mathbf{A} = \begin{pmatrix} 1 & 1 & 1 \\ 2 & 3 & -3 \\ -1 & -4 & 2 \end{pmatrix}$$

into a product of two square 3×3 matrices in upper triangular and lower triangular matrices.

Solution 69

LU = A

$$\begin{pmatrix} l_{11} & 0 & 0 \\ l_{21} & l_{22} & 0 \\ l_{31} & l_{32} & l_{33} \end{pmatrix} \begin{pmatrix} 1 & u_{12} & u_{13} \\ 0 & 1 & u_{23} \\ 0 & 0 & 1 \end{pmatrix}$$

$$= \begin{pmatrix} 1 & 1 & 1 \\ 2 & 3 & -3 \\ -1 & -4 & 2 \end{pmatrix}$$

$$\begin{pmatrix} l_{11} & l_{11}u_{12} & l_{11}u_{13} \\ l_{21} & l_{21}u_{12} + l_{22} & l_{21}u_{13} + l_{22}u_{23} \\ l_{31} & l_{31}u_{12} + l_{32} & l_{31}u_{13} + l_{32}u_{23} + l_{33} \end{pmatrix}$$

$$= \begin{pmatrix} 1 & 1 & 1 \\ 2 & 3 & -3 \\ -1 & -4 & 2 \end{pmatrix}$$

$\boxed{l_{11} = 1}$, $l_{11}u_{12} = 1 \Rightarrow \boxed{u_{12} = 1}$ $l_{11}u_{13} = 1 \Rightarrow$

$\boxed{u_{13} = 1}$ $\boxed{l_{21} = 2}$ $l_{21}u_{12} + l_{22}$□□ $\Rightarrow \boxed{l_{22} = 1}$

$l_{21}u_{13} + l_{22}u_{23} = -3 \Rightarrow \boxed{u_{23} = -5}$

$\boxed{l_{31} = -1}$ $l_{31}u_{12} + l_{32} = -4 \Rightarrow \boxed{l_{32} = -3}$

$l_{31}u_{13} + l_{32}u_{23} + l_{33} = 2$

$\Rightarrow -1 + 15 + l_{33} = 2 \Rightarrow \boxed{l_{33} = -12}$

$$\mathbf{A} = \begin{pmatrix} 1 & 1 & 1 \\ 2 & 3 & -3 \\ -1 & -4 & 2 \end{pmatrix}$$

$$= \begin{pmatrix} 1 & 0 & 0 \\ 2 & 1 & 0 \\ -1 & -3 & -12 \end{pmatrix} \begin{pmatrix} 1 & 1 & 1 \\ 0 & 1 & -5 \\ 0 & 0 & 1 \end{pmatrix}$$

A = LU

check the multiplication of **LU**.

Equation (1), (2) and (3) can be written in matrix form as

$$\begin{pmatrix} 1 & 1 & 1 \\ 2 & 3 & -3 \\ -1 & -4 & 2 \end{pmatrix} \begin{pmatrix} x \\ y \\ z \end{pmatrix} = \begin{pmatrix} 0 \\ 16 \\ -12 \end{pmatrix}$$

$$\begin{pmatrix} 1 & 0 & 0 \\ 2 & 1 & 0 \\ -1 & -3 & -12 \end{pmatrix} \begin{pmatrix} 1 & 1 & 1 \\ 0 & 1 & -5 \\ 0 & 0 & 1 \end{pmatrix} \begin{pmatrix} x \\ y \\ z \end{pmatrix}$$

$$= \begin{pmatrix} 0 \\ 16 \\ -12 \end{pmatrix}$$

$$\mathbf{LU} \begin{pmatrix} x \\ y \\ z \end{pmatrix} = \begin{pmatrix} 0 \\ 16 \\ -12 \end{pmatrix}$$

let $\mathbf{U} \begin{pmatrix} x \\ y \\ z \end{pmatrix} = \begin{pmatrix} u \\ v \\ w \end{pmatrix}$

then $\mathbf{L} \begin{pmatrix} u \\ v \\ w \end{pmatrix} = \begin{pmatrix} 0 \\ 16 \\ -12 \end{pmatrix}$

$$\begin{pmatrix} 1 & 0 & 0 \\ 2 & 1 & 0 \\ -1 & -3 & -12 \end{pmatrix} \begin{pmatrix} u \\ v \\ w \end{pmatrix} = \begin{pmatrix} 0 \\ 16 \\ -12 \end{pmatrix}$$

$$u = 0$$

$$2u + v = 16$$

$$-u - 3v - 12w = -12$$

solving by forward substituting

$\boxed{u = 0}$, $\boxed{v = 16}$, $-12w = 36 \Rightarrow \boxed{w = -3}$

$$\begin{pmatrix} 1 & 1 & 1 \\ 0 & 1 & -5 \\ 0 & 0 & 1 \end{pmatrix} \begin{pmatrix} x \\ y \\ z \end{pmatrix} = \begin{pmatrix} 0 \\ 16 \\ -3 \end{pmatrix}$$

Using back substitution, $\boxed{z = -3}$

$y - 5z = 16 \Rightarrow y = 16 - 15 = 1 \Rightarrow \boxed{y = 1}$

$x + y + z = 0 \Rightarrow x + 1 - 3 = 0 \Rightarrow \boxed{x = 2}$

WORKED EXAMPLE 70

Solve the system of equations using **LU** method.

$$2x - y + 3z = -13$$
$$6x - 2y + 7z = -31$$
$$-4x + 4y - 5z = 27$$

Solution 70

$$A = \begin{pmatrix} 2 & -1 & 3 \\ 6 & -2 & 7 \\ -4 & 4 & -5 \end{pmatrix} = \mathbf{LU}$$

$$= \begin{pmatrix} 1 & 0 & 0 \\ l_{21} & 1 & 0 \\ l_{31} & l_{32} & 1 \end{pmatrix} \begin{pmatrix} u_{11} & u_{12} & u_{13} \\ 0 & u_{22} & u_{23} \\ 0 & 0 & u_{33} \end{pmatrix}$$

$$= \begin{pmatrix} u_{11} & u_{12} & u_{13} \\ l_{21}u_{11} & l_{21}u_{12} + u_{22} & l_{21}u_{13} + u_{23} \\ l_{31}u_{11} & l_{31}u_{12} + l_{32}u_{22} & l_{31}u_{13} + l_{32}u_{23} + u_{33} \end{pmatrix}$$

$$= \begin{pmatrix} 2 & -1 & 3 \\ 6 & -2 & 7 \\ -4 & 4 & -5 \end{pmatrix}$$

$\boxed{u_{11} = 2}$ $\boxed{u_{12} = 1}$ $\boxed{u_{13} = 3}$

$l_{21}u_{11} = 6$ $\boxed{l_{21} = 3}$ $l_{21}u_{12} + u_{22} = -2$

$3(-1) + u_{22} = -2 \Rightarrow \boxed{u_{22} = 1}$

$l_{31}u_{11} = -4 \Rightarrow l_{31} = -\frac{4}{2} = -2 \Rightarrow \boxed{l_{31} = -2}$

$l_{21}u_{13} + u_{23} = 7 \Rightarrow 3 \times 3 + u_{23} = 7 \Rightarrow \boxed{u_{23} = -2}$

$l_{31}u_{12} + l_{32}u_{22} = 4, \quad (-2)(-1) + l_{32}(1) = 4$

$\Rightarrow \boxed{l_{32} = 2}$

$l_{31}u_{13} + l_{32}u_{23} + u_{33} = -5,$

$(-2)(3) + (2)(-2) + u_{33} = -5$

$\Rightarrow u_{33} = -5 + 6 + 4 = 5, \boxed{u_{33} = 5}$

$$\mathbf{L} = \begin{pmatrix} 1 & 0 & 0 \\ 3 & 1 & 0 \\ -2 & 2 & 1 \end{pmatrix} \text{ and } \mathbf{U} = \begin{pmatrix} 2 & -1 & 3 \\ 0 & 1 & -2 \\ 0 & 0 & 5 \end{pmatrix}$$

$$2x - y + 3z = -13$$
$$6x - 2y + 7z = -31$$
$$-4x + 4y - 5z = 27$$

$$\begin{pmatrix} 2 & -1 & 3 \\ 6 & -2 & 7 \\ -4 & 4 & -5 \end{pmatrix} \begin{pmatrix} x \\ y \\ z \end{pmatrix} = \begin{pmatrix} -13 \\ -31 \\ 27 \end{pmatrix}$$

$$\overset{\mathbf{L}}{\begin{pmatrix} 1 & 0 & 0 \\ 3 & 1 & 0 \\ -2 & 2 & 1 \end{pmatrix}} \overset{\mathbf{U}}{\begin{pmatrix} 2 & -1 & 3 \\ 0 & 1 & -2 \\ 0 & 0 & 5 \end{pmatrix}} \begin{pmatrix} x \\ y \\ z \end{pmatrix} = \begin{pmatrix} -13 \\ -31 \\ 27 \end{pmatrix}$$

Let $\mathbf{U}\begin{pmatrix} x \\ y \\ z \end{pmatrix} = \begin{pmatrix} u \\ v \\ w \end{pmatrix}$

$$\overset{\mathbf{L}}{\begin{pmatrix} 1 & 0 & 0 \\ 3 & 1 & 0 \\ -2 & 2 & 1 \end{pmatrix}} \begin{pmatrix} u \\ v \\ w \end{pmatrix} = \begin{pmatrix} -13 \\ -31 \\ 27 \end{pmatrix}$$

$$= \begin{pmatrix} u \\ 3u + v \\ -2u + 2v + w \end{pmatrix}$$

$u = -13, v = -31 + 39 = 8, w = 27 - 16 - 26 = -15$

$$\mathbf{U}\begin{pmatrix} x \\ y \\ z \end{pmatrix} = \begin{pmatrix} 2 & -1 & 3 \\ 0 & 1 & -2 \\ 0 & 0 & 5 \end{pmatrix} \begin{pmatrix} x \\ y \\ z \end{pmatrix} = \begin{pmatrix} u \\ v \\ w \end{pmatrix}$$

$$\begin{pmatrix} u \\ v \\ w \end{pmatrix} = \begin{pmatrix} 2x - y + 3z \\ y - 2z \\ 5z \end{pmatrix}$$

$$\begin{pmatrix} -13 \\ 8 \\ -15 \end{pmatrix} = \begin{pmatrix} 2x - y + 3z \\ y - 2z \\ 5z \end{pmatrix}$$

$\boxed{z = -3}$

$y - 2(-3) = 8$

$\boxed{y = 2}$

$2x - y + 3z = -13$

$2x = -13 + 2 + 9$

$\boxed{x = -1}$

Consider a symmetric matrix where $a_{ij} = a_{ji}$

$$A = \begin{pmatrix} 1 & 4 & 5 \\ 4 & 2 & 6 \\ 5 & 6 & 3 \end{pmatrix}$$

$$= \begin{pmatrix} 1 & 0 & 0 \\ l_{21} & 1 & 0 \\ l_{31} & l_{32} & 1 \end{pmatrix} \begin{pmatrix} u_{11} & u_{12} & u_{13} \\ 0 & u_{22} & u_{23} \\ 0 & 0 & u_{33} \end{pmatrix}$$

$A = \mathbf{LU}$

$$= \begin{pmatrix} u_{11} & u_{12} & u_{13} \\ l_{21}u_{11} & l_{21}u_{12} + u_{22} & l_{21}u_{13} + u_{23} \\ l_{31}u_{11} & l_{31}u_{12} + l_{32}u_{22} & l_{31}u_{13} + l_{32}u_{23} + u_{33} \end{pmatrix}$$

$$= \begin{pmatrix} 1 & 4 & 5 \\ 4 & 2 & 6 \\ 5 & 6 & 3 \end{pmatrix}$$

$\boxed{u_{11} = 1}$ $\boxed{u_{12} = 4}$ $\boxed{u_{13} = 5}$

$l_{21}u_{11} = 4$ $\boxed{l_{21} = 4}$ $l_{21}u_{12} + u_{22} = 2$

$4(4) + u_{22} = 2 \Rightarrow u_{22} = 2 - 16 = -14$

$\boxed{u_{22} = -14}$ $l_{21}u_{13} + u_{23} = 6 \Rightarrow 4(5) + u_{23} = 6$

$\boxed{u_{23} = -14}$ $l_{31}u_{11} = 5 \Rightarrow \boxed{l_{31} = 5}$

$l_{31}u_{12} + l_{32}u_{22} = 6 \Rightarrow 5(4) + l_{32}(-14) = 6$

$\boxed{l_{32} = 1}$

$l_{31}u_{13} + l_{32}u_{23} + u_{33} = 3 \Rightarrow 5(5) + 1(-14) + u_{33} = 3$

$u_{33} = 3 - 25 + 14 = -8 \Rightarrow \boxed{u_{33} = -8}$

$$\mathbf{L} = \begin{pmatrix} 1 & 0 & 0 \\ 4 & 1 & 0 \\ 5 & 1 & 1 \end{pmatrix} \qquad \mathbf{U} = \begin{pmatrix} 1 & 4 & 5 \\ 0 & -14 & -14 \\ 0 & 0 & -8 \end{pmatrix}$$

Consider a singular matrix where $|A| = 0$.

$$A = \begin{pmatrix} 1 & 2 & 3 \\ 4 & 5 & 6 \\ 7 & 8 & 9 \end{pmatrix}$$

$$= \begin{pmatrix} 1 & 0 & 0 \\ l_{21} & 1 & 0 \\ l_{31} & l_{32} & 1 \end{pmatrix} \begin{pmatrix} u_{11} & u_{12} & u_{13} \\ 0 & u_{22} & u_{23} \\ 0 & 0 & u_{33} \end{pmatrix}$$

$$= \begin{pmatrix} u_{11} & u_{12} & u_{13} \\ l_{21}u_{11} & l_{21}u_{12} + u_{22} & l_{21}u_{13} + u_{23} \\ l_{31}u_{11} & l_{31}u_{12} + l_{32}u_{22} & l_{31}u_{13} + l_{32}u_{23} + u_{33} \end{pmatrix}$$

$$= \begin{pmatrix} 1 & 2 & 3 \\ 4 & 5 & 6 \\ 7 & 8 & 9 \end{pmatrix}$$

$\boxed{u_{11} = 1}$ $\boxed{u_{12} = 2}$ $\boxed{u_{13} = 3}$

$l_{21}u_{11} = 4 \Rightarrow \boxed{l_{21} = 4}$ $l_{21}u_{12} + u_{22} = 5$

$4(2) + u_{22} = 5 \Rightarrow \boxed{u_{22} = -3}$

$l_{21}u_{13} + u_{23} = 6 \Rightarrow 4(3) + u_{23} = 6 \Rightarrow \boxed{u_{23} = -6}$

$l_{31}u_{11} = 7 \Rightarrow \boxed{l_{31} = 7}$ $l_{31}u_{12} + l_{32}u_{22} = 8$

$7(2) + l_{32}(-3) = 8 \Rightarrow \boxed{l_{32} = 2}$

$l_{31}u_{13} + l_{32}u_{23} + u_{33} = 9 \Rightarrow 7(3) + 2(-6) + u_{33} = 9$

$\boxed{u_{33} = 0}$

$$\mathbf{L} = \begin{pmatrix} 1 & 0 & 0 \\ 4 & 1 & 0 \\ 7 & 2 & 1 \end{pmatrix} \qquad \mathbf{U} = \begin{pmatrix} 1 & 2 & 3 \\ 0 & -3 & -6 \\ 0 & 0 & 0 \end{pmatrix}$$

Exercises 5

1. Describe the transformations of each of the following matrices on the

   (a) rectangle $\begin{pmatrix} 0 & 1 & 1 & 0 \\ 0 & 0 & 3 & 3 \end{pmatrix}$

   (b) triangle $\begin{pmatrix} 1 & 4 & 5 \\ 3 & 2 & 4 \end{pmatrix}$

   (i) $\begin{pmatrix} 1 & 0 \\ 0 & -1 \end{pmatrix}$

   (ii) $\begin{pmatrix} -1 & 0 \\ 0 & 1 \end{pmatrix}$

   (iii) $\begin{pmatrix} 2 & 0 \\ 0 & 2 \end{pmatrix}$

   (iv) $\begin{pmatrix} \frac{1}{3} & 0 \\ 0 & \frac{1}{3} \end{pmatrix}$

   (v) $\begin{pmatrix} -1 & 0 \\ 0 & -1 \end{pmatrix}$

   (vi) $\begin{pmatrix} 0 & -1 \\ -1 & 0 \end{pmatrix}$

   (vii) $\begin{pmatrix} 0 & 1 \\ -1 & 0 \end{pmatrix}$

(viii) $\begin{pmatrix} 1 & 2 \\ 0 & 1 \end{pmatrix}$

(ix) $\begin{pmatrix} 1 & 0 \\ 2 & 1 \end{pmatrix}$

(x) $\begin{pmatrix} 2 & 3 \\ 4 & 6 \end{pmatrix}$.

Illustrate each mapping by a sketch.

2. Find the matrices that map the matrix $\begin{pmatrix} 0 & 1 & 1 & 0 \\ 0 & 0 & 1 & 1 \end{pmatrix}$ into each of the following matrices:

(i) $\begin{pmatrix} 0 & 2 & 2 & 0 \\ 0 & 0 & 2 & 2 \end{pmatrix}$

(ii) $\begin{pmatrix} 0 & 2 & 2 & 0 \\ 0 & 0 & 1 & 1 \end{pmatrix}$

(iii) $\begin{pmatrix} 0 & 1 & 1 & 0 \\ 0 & 0 & -1 & -1 \end{pmatrix}$

(iv) $\begin{pmatrix} 0 & 3 & 3 & 0 \\ 0 & 0 & -3 & -3 \end{pmatrix}$

Illustrate each mapping by a sketch.

3. If $\mathbf{A} = \begin{pmatrix} 1 & -\frac{1}{\sqrt{2}} \\ \frac{1}{\sqrt{2}} & 1 \end{pmatrix}$ find $\mathbf{A}^2$ and $\mathbf{A}^3$. What transformations are described by the following matrices?

(i) $\mathbf{A}$ (ii) $\mathbf{A}^2$

(iii) $\mathbf{A}^3$ (iv) $\mathbf{A}^{-1}$.

4. If $\mathbf{B} = \begin{pmatrix} 1 & -1 \\ 1 & 1 \end{pmatrix}$, find $\mathbf{B}^2$ and $\mathbf{B}^3$. What transformations are described by the following matrices?

(i) $\mathbf{B}$ (ii) $\mathbf{B}^2$

(iii) $\mathbf{B}^3$ (iv) $\mathbf{B}^{-1}$.

5. If $\mathbf{C} = \begin{pmatrix} -2 & 1 \\ 1 & -2 \end{pmatrix}$, find $\mathbf{C}^2$ and $\mathbf{C}^3$. What transformations are described by the following matrices?

(i) $\mathbf{C}$

(ii) $\mathbf{C}^4$

(iii) $\mathbf{C}^5$.

6. Find the product $\begin{pmatrix} \cos\theta & \sin\theta \\ -\sin\theta & \cos\theta \end{pmatrix}\begin{pmatrix} x \\ y \end{pmatrix}$.

Hence draw a diagram to show that the matrix describes a rotation about the origin through an angle θ in a clockwise direction.

7. Find the product $\begin{pmatrix} \cos\theta & -\sin\theta \\ \sin\theta & \cos\theta \end{pmatrix}\begin{pmatrix} x \\ y \end{pmatrix}$.

Hence draw a diagram to show that the matrix describes a rotation about the origin through an angle θ in an anti-clockwise direction.

8. Find the product $\begin{pmatrix} 0 & 1 \\ -1 & 0 \end{pmatrix}\begin{pmatrix} x \\ y \end{pmatrix}$.

Hence draw a diagram to show that the matrix describes a rotation about the origin through an angle 90° in an clockwise direction.

9. Determine the matrix $\mathbf{M}$ such that the point $P(x, y, z)$ is rotated through 90° about oy, oz, and ox to the point $P'(x, y, z)$ by the transformation

$$\mathbf{M}\begin{pmatrix} x \\ y \\ z \end{pmatrix} = \begin{pmatrix} x \\ y \\ z \end{pmatrix}$$

10. Repeat question 9 if the point $P(x, y, z)$ is rotated through $-90°$ and 180°.

11. Find the matrix $\mathbf{M}$ which transforms the point $P(x, y, z)$ to the point $P'(x, y, z)$ by the equation $\mathbf{M}\overrightarrow{OP} = \overrightarrow{OP'}$ where P' is the reflection of P in the following plane $2x + 3y + 6z = 0$.

Miscellaneous

1. A transformation T is given by $\mathbf{y} = \mathbf{A}\mathbf{x}$ where $\mathbf{y}$ and $\mathbf{x}$ are column vectors with three elements,

$$\mathbf{A} = \begin{pmatrix} 1 & 1 & 1 \\ 1 & 3 & 6 \\ 1 & 2 & \lambda \end{pmatrix}, \text{ and } \lambda \text{ is a constant.}$$

(a) Given that $\mathbf{y} = \begin{pmatrix} 1 \\ 2 \\ 1 \end{pmatrix}$ and $\lambda = 3$, find $\mathbf{x}$.

(b) Determine the value of λ for which it is not always possible to find an $\mathbf{x}$ for a given $\mathbf{y}$. Show that in this case all vectors $\mathbf{x}$ transform to a vector of the form $\begin{pmatrix} 2a \\ 2b \\ a+b \end{pmatrix}$.

Solution 1

(a) $\mathbf{y} = \mathbf{A}\mathbf{x} \qquad \therefore \mathbf{x} = \mathbf{A}^{-1}\mathbf{y}$

$\lambda = 3$

$$\mathbf{A} = \begin{pmatrix} 1 & 1 & 1 \\ 1 & 3 & 6 \\ 1 & 2 & 3 \end{pmatrix}, \mathbf{y} = \begin{pmatrix} 1 \\ 2 \\ 1 \end{pmatrix}$$

$$|\mathbf{A}| = \begin{vmatrix} 1 & 0 & 0 \\ 1 & 2 & 5 \\ 1 & 1 & 2 \end{vmatrix}$$

using (i) Column 2 – Column 1

using (ii) Column 3 – Column 1

$= (1)(2 \times 2 - 5 \times 1) = -1$ expanding along First row

$$\mathbf{A}^* = \begin{pmatrix} -3 & 3 & -1 \\ -1 & 2 & -1 \\ 3 & -5 & 2 \end{pmatrix}$$

$$\therefore \text{adj } \mathbf{A} = \mathbf{A}^{*^{\mathrm{T}}} = \begin{pmatrix} -3 & -1 & 3 \\ 3 & 2 & -5 \\ -1 & -1 & 2 \end{pmatrix}$$

$$\therefore \mathbf{A}^{-1} = \frac{\text{adj } \mathbf{A}}{|\mathbf{A}|} = \begin{pmatrix} 3 & 1 & -3 \\ -3 & -2 & 5 \\ 1 & 1 & -2 \end{pmatrix}$$

$$\therefore \mathbf{x} = \begin{pmatrix} 3 & 1 & -3 \\ -3 & -2 & 5 \\ 1 & 1 & -2 \end{pmatrix}\begin{pmatrix} 1 \\ 2 \\ 1 \end{pmatrix}$$

$$\therefore \mathbf{x} = \begin{pmatrix} 2 \\ -2 \\ 1 \end{pmatrix}$$

(b) The value of λ for which no unique value of $\mathbf{x}$ can be found given $\mathbf{y}$ is when $|\mathbf{A}| = 0$

$$|\mathbf{A}| = \begin{vmatrix} 1 & 1 & 1 \\ 1 & 3 & 6 \\ 1 & 2 & \lambda \end{vmatrix}.$$

Using Column 2 – Column 1 and Column 3 – Column 1 operations

$$\therefore |\mathbf{A}| = \begin{vmatrix} 1 & 0 & 0 \\ 1 & 2 & 5 \\ 1 & 1 & \lambda - 1 \end{vmatrix} = 2(\lambda - 1) - 5$$

$$= 2\lambda - 7$$

$$\therefore |\mathbf{A}| = 0 \Rightarrow 2\lambda - 7 = 0 \qquad \therefore \lambda = \frac{7}{2}.$$

Then $\mathbf{A}\mathbf{x} = \mathbf{y}$ have one degree of freedom i.e. they are linearly dependent and are equivalent to the equations

$$x_1 + x_2 + x_3 = y_1$$

$$x_1 + 3x_2 + 6x_3 = y_2$$

$$x_1 + 2x_2 + \frac{7}{2}x_3 = y_3.$$

Now $2y_3 = y_1 + y_2$.

Let $y_1 = 2a$ and $y_2 = 2b$

$\therefore y_3 = a + b$.

Thus all vectors $\mathbf{x}$ transform to the vector of the form $\begin{pmatrix} 2a \\ 2b \\ a+b \end{pmatrix}$.

2. Show that 9 is an eigenvalue of the matrix

$$\begin{pmatrix} 6 & -2 & 2 \\ -2 & 5 & 0 \\ 2 & 0 & 7 \end{pmatrix}.$$

Find the other two eigenvalues.

Find also normalized eigenvectors $\mathbf{x}_1, \mathbf{x}_2, \mathbf{x}_3$, corresponding to each of these eigenvalues.

Verify that the matrix $\mathbf{P}$ whose columns are $\mathbf{x}_1, \mathbf{x}_2$ and $\mathbf{x}_3$ is an orthogonal matrix.

Solution 2

Let $\mathbf{A} = \begin{pmatrix} 6 & -2 & 2 \\ -2 & 5 & 0 \\ 2 & 0 & 7 \end{pmatrix}$ and λ be an eigenvalues of $\mathbf{A}$ then eigenvalues are given by $|\mathbf{A} - \lambda\mathbf{I}| = 0$

$$|\mathbf{A} - \lambda\mathbf{I}| = \begin{vmatrix} 6-\lambda & -2 & 2 \\ -2 & 5-\lambda & 0 \\ 2 & 0 & 7-\lambda \end{vmatrix}.$$

Put $\lambda = 9$ $\quad \therefore |\mathbf{A} - 9\mathbf{I}| = \begin{vmatrix} -3 & -2 & 2 \\ -2 & -4 & 0 \\ 2 & 0 & -2 \end{vmatrix}.$

Now Row 1 + Row 3 $= (-1 \quad -2 \quad 0) = \frac{1}{2}$ Row 2

$\therefore$ rows are linearly dependent $\Rightarrow |\mathbf{A} - 9\mathbf{I}| = 0$

$\therefore$ 9 is an eigenvalue of $\mathbf{A}$.

Considering $|\mathbf{A}-\lambda\mathbf{I}|$ in general and expanding along Row 3

$$\begin{aligned} \therefore |\mathbf{A} - \lambda\mathbf{I}| &= 2[(-2)(0) - 2(5-\lambda)] \\ &\quad +(7-\lambda)[(6-\lambda)(5-\lambda) - (-2)(-2)] \\ &= 4\lambda - 20 + (7-\lambda)(30 - 11\lambda + \lambda^2 - 4) \\ &= 4\lambda - 20 + (7-\lambda)(26 - 11\lambda + \lambda^2) \\ &= 4\lambda - 20 + 182 - 103\lambda + 18\lambda^2 - \lambda^3 \\ &= -(\lambda^3 - 18\lambda^2 + 99\lambda - 162). \end{aligned}$$

Since $\lambda = 9$ is a root of $|\mathbf{A} - \lambda\mathbf{I}| = 0$ then $(\lambda - 9)$ is a factor of $|\mathbf{A} - \lambda\mathbf{I}|$

$$\begin{aligned} \therefore |\mathbf{A} - \lambda\mathbf{I}| &= -(\lambda - 9)(\lambda^2 - 9\lambda + 18) \\ &= -(\lambda - 9)(\lambda - 6)(\lambda - 3) \end{aligned}$$

$\therefore |\mathbf{A} - \lambda\mathbf{I}| = 0 \Rightarrow \lambda = 3, \lambda = 6, \lambda = 9.$

For $\lambda = 3$ $\quad (\mathbf{A} - \lambda\mathbf{I})\mathbf{x} = 0$

$$\begin{aligned} \Rightarrow 3\mathbf{x}_1 - 2\mathbf{x}_2 + 2\mathbf{x}_3 &= 0 && \ldots \text{(i)} \\ -2\mathbf{x}_1 + 2\mathbf{x}_2 &= 0 && \ldots \text{(ii)} \\ \text{and } 2\mathbf{x}_1 + 4\mathbf{x}_3 &= 0 && \ldots \text{(iii)} \end{aligned}$$

(i), (ii) and (iii) are linearly dependent.

From

(ii) $\mathbf{x}_1 : \mathbf{x}_2 = 1 : 1$

(iii) $\mathbf{x}_1 : \mathbf{x}_3 = 2 : -1$

$\therefore \mathbf{x}_1 : \mathbf{x}_2 : \mathbf{x}_3 = 2 : 2 : -1.$

Normalised $\mathbf{x} = \begin{pmatrix} 2/3 \\ 2/3 \\ -1/3 \end{pmatrix}.$

For $\lambda = 6$ $\quad (\mathbf{A} - \lambda\mathbf{I})\mathbf{x} = 0$

$$\begin{aligned} \Rightarrow -2\mathbf{x}_2 + 2\mathbf{x}_3 &= 0 && \ldots \text{(iv)} \\ -2\mathbf{x}_1 - \mathbf{x}_2 &= 0 && \ldots \text{(v)} \\ 2\mathbf{x}_1 + \mathbf{x}_3 &= 0 && \ldots \text{(vi)} \end{aligned}$$

(v) $\Rightarrow \mathbf{x}_1 : \mathbf{x}_2 = 1 : -2$

(vi) $\Rightarrow \mathbf{x}_1 : \mathbf{x}_3 = 1 : -2$

$\mathbf{x}_1 : \mathbf{x}_2 : \mathbf{x}_3 = 1 : -2 : -2.$

Normalised $\mathbf{x} = \begin{pmatrix} 1/3 \\ -2/3 \\ -2/3 \end{pmatrix}.$

For $\lambda = 9$ $\quad (\mathbf{A} - \lambda\mathbf{I})\mathbf{x} = 0$

$$\begin{aligned} \Rightarrow -3\mathbf{x}_1 - 2\mathbf{x}_2 + 2\mathbf{x}_3 &= 0 && \ldots \text{(vii)} \\ -2\mathbf{x}_1 - 4\mathbf{x}_2 &= 0 && \ldots \text{(viii)} \\ 2\mathbf{x}_1 - 2\mathbf{x}_3 &= 0 && \ldots \text{(ix)} \end{aligned}$$

(viii) $\Rightarrow \mathbf{x}_1 : \mathbf{x}_2 = 2 : -1$

(ix) $\Rightarrow \mathbf{x}_1 : \mathbf{x}_3 = 1 : 1$

$\mathbf{x}_1 : \mathbf{x}_2 : \mathbf{x}_3 = 2 : -1 : 2.$

Normalised $\mathbf{x} = \begin{pmatrix} 2/3 \\ -1/3 \\ 2/3 \end{pmatrix}$

$$\mathbf{P} = \begin{pmatrix} 2/3 & 1/3 & 2/3 \\ 2/3 & -2/3 & -1/3 \\ -1/3 & -1/3 & 2/3 \end{pmatrix}$$

$$\mathbf{P}^{\mathrm{T}} = \begin{pmatrix} 2/3 & 2/3 & -1/3 \\ 1/3 & -2/3 & -2/3 \\ 2/3 & -1/3 & 2/3 \end{pmatrix}$$

$$\mathbf{PP}^{\mathrm{T}} = \begin{pmatrix} 1 & 0 & 0 \\ 0 & 1 & 0 \\ 0 & 0 & 1 \end{pmatrix} = \mathbf{I}$$

$\therefore$ **P** is an orthogonal matrix.

3. Find the eigenvalues of the matrix **A** where

$$\mathbf{A} = \begin{pmatrix} 2 & 2 & 1 \\ 1 & 3 & 1 \\ 1 & 2 & 2 \end{pmatrix}.$$

Find an eigenvector corresponding to the non repeated eigenvalue.

Given that $\mathbf{X} = (x, y, z)^{\mathrm{T}}$ find the symmetric matrix **B** such that $\mathrm{X^TAX = X^TBX}$.

Solution 3

Eigenvalues λ given by $|\mathbf{A} - \lambda\mathbf{I}| = 0$

$$|\mathbf{A} - \lambda\mathbf{I}| = \begin{vmatrix} 2-\lambda & 2 & 1 \\ 1 & 3-\lambda & 1 \\ 1 & 2 & 2-\lambda \end{vmatrix}$$

$$= \begin{vmatrix} 1-\lambda & -1+\lambda & 0 \\ 0 & 1-\lambda & -1+\lambda \\ 1 & 2 & 2-\lambda \end{vmatrix}$$

using (i) Row 1 – Row 2

and using (ii) Row 2 – Row 3

$$= (1-\lambda^2) \begin{vmatrix} 1 & -1 & 0 \\ 0 & 1 & -1 \\ 1 & 2 & 2-\lambda \end{vmatrix}$$

$$= (1-\lambda)^2 \begin{vmatrix} 1 & -1 & 0 \\ 0 & 1 & -1 \\ 0 & 3 & 2-\lambda \end{vmatrix}$$

using Row 3 – Row 1

$$= (1-\lambda)^2[(1)(2-\lambda) + 3]$$

$$= (1-\lambda)^2(5-\lambda)$$

$\therefore |\mathbf{A} - \lambda\mathbf{I}| = 0 \Rightarrow \lambda = 1$ twice and $\lambda = 5$.

For $\lambda = 5 \quad (\mathbf{A} - \lambda\mathbf{I})\mathbf{x} = 0$

$$\Rightarrow -3\mathbf{x}_1 + 2\mathbf{x}_2 + \mathbf{x}_3 = 0 \qquad \ldots \text{(i)}$$

$$\mathbf{x}_1 - 2\mathbf{x}_2 + \mathbf{x}_3 = 0 \qquad \ldots \text{(ii)}$$

$$\mathbf{x}_1 + 2\mathbf{x}_2 - 3\mathbf{x}_3 = 0 \qquad \ldots \text{(iii)}$$

$$2 \times \text{(ii)} + \text{(i)} = -\mathbf{x}_1 - 2\mathbf{x}_2 + 3\mathbf{x}_3 = 0 \equiv -\text{(iii)}$$

equation (i), (ii) + (iii) are linearly dependent

$\therefore$ (iii) say is redundant.

Consider (i) – (ii) $\Rightarrow -4\mathbf{x}_1 + 4\mathbf{x}_2 = 0$

$\therefore \mathbf{x}_1 : \mathbf{x}_2 = 1 : 1$

(i) + (ii) $\Rightarrow -2\mathbf{x}_1 + 2\mathbf{x}_3 = 0$

$\therefore \mathbf{x}_1 : \mathbf{x}_3 = 1 : 1$

$$\therefore \text{eigenvector } \mathbf{x} = \begin{pmatrix} 1 \\ 1 \\ 1 \end{pmatrix}.$$

Given $\mathrm{x^TAX = X^TBX}$ ... (i) and
$\mathbf{B}^{\mathrm{T}} = \mathbf{B}$ ... (ii)

Transpose (i)

$\therefore \mathrm{(X^TAX)^T = (X^TBX)^T}$

$\therefore \mathrm{X^TA^T(X^T)^T = X^TB^T(X^T)^T}$

$\therefore \mathrm{X^TA^TX = X^TBX}$ using (ii)

(i) + (ii) $\Rightarrow \mathrm{X^TAX + X^TA^TX = 2X^TBX}$

$\therefore \mathrm{2X^TBX = X^T(A + A^T)X}$

$\therefore \mathrm{X^T(2B)X = X^T(A + A^T)X}$

$\therefore \mathbf{B} = \frac{1}{2}\mathrm{(A + A^T)}$

$$= \frac{1}{2}\left[\begin{pmatrix} 2 & 2 & 1 \\ 1 & 3 & 1 \\ 1 & 2 & 2 \end{pmatrix} + \begin{pmatrix} 2 & 1 & 1 \\ 2 & 3 & 2 \\ 1 & 1 & 2 \end{pmatrix}\right]$$

$$= \frac{1}{2}\begin{pmatrix} 4 & 3 & 2 \\ 3 & 6 & 3 \\ 2 & 3 & 4 \end{pmatrix} = \begin{pmatrix} 2 & \frac{3}{2} & 1 \\ \frac{3}{2} & 3 & \frac{3}{2} \\ 1 & \frac{3}{2} & 2 \end{pmatrix}.$$

4. Find the eigenvalues of matrix

$$A = \begin{pmatrix} 3 & -2 & 2 \\ -7 & 5 & -5 \\ -11 & 8 & -8 \end{pmatrix}$$

and determine a non-singular matrix **T** such that $\mathbf{T}^{-1}\mathbf{AT}$ is diagonal.
Show that, for any positive integer n,

$\mathbf{A}^{2n} = \mathbf{A}^2$ and $\mathbf{A}^{2n+1} = \mathbf{A}$.

Solution 4

Eigenvalues of **A**, λ, are given by $|\mathbf{A} - \lambda\mathbf{I}| = 0$

$$|\mathbf{A} - \lambda\mathbf{I}|$$

$$= \begin{vmatrix} 3-\lambda & -2 & 2 \\ -7 & 5-\lambda & -5 \\ -11 & 8 & -8-\lambda \end{vmatrix}$$

$$= \begin{vmatrix} 3-\lambda & 0 & 2 \\ -7 & -\lambda & -5 \\ -11 & -\lambda & -8-\lambda \end{vmatrix} \text{ using Col 2 + Col 3}$$

$$= -\lambda\begin{vmatrix} 3-\lambda & 0 & 2 \\ -7 & 1 & -5 \\ -11 & 1 & -8-\lambda \end{vmatrix}$$

$$= -\lambda\begin{vmatrix} 3-\lambda & 0 & 2 \\ -7 & 1 & -5 \\ -4 & 0 & -3-\lambda \end{vmatrix} \text{ using Row 3 – Row 2}$$

$= -\lambda[(3-\lambda)(-3-\lambda) + 8]$ expanding down Col 2

$= -\lambda(\lambda^2 - 9 + 8) = -\lambda(\lambda^2 - 1)$

$= -\lambda(\lambda - 1)(\lambda + 1)$

$\therefore |\mathbf{A} - \lambda\mathbf{I}| = 0 \Rightarrow \lambda = 0, \lambda = \pm 1.$

For $\lambda = -1$ $\quad (\mathbf{A} - \lambda\mathbf{I})\mathbf{X} = 0$

$\Rightarrow 4\mathbf{x}_1 - 2\mathbf{x}_2 + 2\mathbf{x}_3 = 0$ ... (i)

$-7\mathbf{x}_1 + 6\mathbf{x}_2 - 5\mathbf{x}_3 = 0$ ... (ii)

$-11\mathbf{x}_1 + 8\mathbf{x}_2 - 7\mathbf{x}_3 = 0$ ... (iii)

Now (i) – (ii) + (iii) = 0 $\quad\therefore$ (iii) is redundant.

Let $\mathbf{x}_3 = \mathbf{k}$ $\quad\therefore$ (i) $\Rightarrow 4\mathbf{x}_1 - 2\mathbf{x}_2 = -2\mathbf{k}$ ... (iv)

(ii) $\Rightarrow -7\mathbf{x}_1 + 6\mathbf{x}_2 = 5\mathbf{k}$ ... (v)

$3\times$ (iv) + (v) $\Rightarrow 5\mathbf{x}_1 = -\mathbf{k}$

$\therefore \mathbf{x}_1 = -\frac{\mathbf{k}}{5}$

$\therefore 2\mathbf{x}_2 = -\frac{4\mathbf{k}}{5} + 2\mathbf{k}$

$\mathbf{x}_2 = \frac{3\mathbf{k}}{5}$

$\therefore \mathbf{X} = \begin{pmatrix} -\frac{\mathbf{k}}{5} \\ \frac{3\mathbf{k}}{5} \\ \mathbf{k} \end{pmatrix}$ $\therefore$ an eigenvector corresponding to $\lambda = -1$ is $\mathbf{X} = \begin{pmatrix} -1 \\ 3 \\ 5 \end{pmatrix}$.

For $\lambda = 1$ $\quad (\mathbf{A} - \lambda\mathbf{I})\mathbf{X} = 0$

$\Rightarrow 2\mathbf{x}_1 - 2\mathbf{x}_2 + 2\mathbf{x}_3 = 0$ ... (vi)

$-7\mathbf{x}_1 + 4\mathbf{x}_2 - 5\mathbf{x}_3 = 0$ ... (vii)

$-11\mathbf{x}_1 + 8\mathbf{x}_2 - 9\mathbf{x}_3 = 0$ ... (viii)

Now 2 × (vi) – (vii) + (viii) = 0 $\therefore$
(iii) is redundant

Let $\mathbf{x}_3 = \mathbf{k}$ $\therefore$ (vi)

$\Rightarrow 2\mathbf{x}_1 - 2\mathbf{x}_2 = -2\mathbf{k}$ ... (ix)

$-7\mathbf{x}_1 + 4\mathbf{x}_2 = 5\mathbf{k}$ ... (x)

2 × (ix) + (x) $\Rightarrow -3\mathbf{x}_1 = \mathbf{k}$

$\therefore \mathbf{x}_1 = -\frac{\mathbf{k}}{3}$

$\therefore \mathbf{x}_2 = -\frac{\mathbf{k}}{3} + \mathbf{k} = \frac{2\mathbf{k}}{3}$

$\therefore \mathbf{X} = \begin{pmatrix} -\frac{\mathbf{k}}{3} \\ \frac{2\mathbf{k}}{3} \\ \mathbf{k} \end{pmatrix}$ $\therefore$ an eigenvector corresponding to $\lambda = 1$ is $\mathbf{X} = \begin{pmatrix} -1 \\ 2 \\ 3 \end{pmatrix}$.

For $\lambda = 0$ $\quad (\mathbf{A} - \lambda\mathbf{I}) = 0$

$\Rightarrow 3\mathbf{x}_1 - 2\mathbf{x}_2 + 2\mathbf{x}_3 = 0$ ... (xi)

$-7\mathbf{x}_1 + 5\mathbf{x}_2 - 5\mathbf{x}_3 = 0$ ... (xii)

$-11\mathbf{x}_1 + 8\mathbf{x}_2 - 8\mathbf{x}_3 = 0$ ... (xiii)

Now (xi) + 2(xii) – (iii) = 0 $\quad\therefore$ (iii) is redundant.

Let $\mathbf{x}_3 = \mathbf{k}$

$\therefore$ (xi) $\Rightarrow 3\mathbf{x}_1 - 2\mathbf{x}_2 = -2\mathbf{k}$ ... (xiv)

(xii) $\Rightarrow -7\mathbf{x}_1 + 5\mathbf{x}_2 = 5\mathbf{k}$ ... (xv)

5(xiv) +2 (xv) $\Rightarrow \mathbf{x}_1 = 0$

$\therefore \mathbf{x}_2 = \mathbf{k}$

$\therefore \mathbf{X} = \begin{pmatrix} 0 \\ \mathbf{k} \\ \mathbf{k} \end{pmatrix}$ $\therefore$ an eigenvector corresponding to $\lambda = 0$ is $\mathbf{X} = \begin{pmatrix} 0 \\ 1 \\ 1 \end{pmatrix}$.

Matrix of eigenvectors is $\mathbf{T} = \begin{pmatrix} -1 & -1 & 0 \\ 3 & 2 & 1 \\ 5 & 3 & 1 \end{pmatrix}$

$$|\mathbf{T}| = \begin{vmatrix} -1 & -1 & 0 \\ 3 & 2 & 1 \\ 5 & 3 & 1 \end{vmatrix}$$

$$= \begin{vmatrix} -1 & 0 & 0 \\ 3 & -1 & 1 \\ 5 & -2 & 1 \end{vmatrix} \text{ using Col 2} - \text{Col 1}$$

$$= (-1)(-1+2) = -1.$$

$$\text{adj } \mathbf{T} = \mathrm{T}^{*^{\mathrm{T}}} = \begin{pmatrix} -1 & 1 & -1 \\ 2 & -1 & 1 \\ -1 & 2 & 1 \end{pmatrix}$$

$$\therefore \mathbf{T}^{-1} = \frac{\text{adj T}}{|\mathrm{T}|} = -1\begin{pmatrix} -1 & 1 & -1 \\ 2 & -1 & 1 \\ -1 & 2 & 1 \end{pmatrix}$$

$$= \begin{pmatrix} 1 & -1 & 1 \\ -2 & 1 & -1 \\ 1 & -2 & -1 \end{pmatrix}$$

$$\therefore \mathbf{T}^{-1}\mathbf{A}\mathbf{T} = \mathbf{D} = \begin{pmatrix} -1 & 0 & 0 \\ 0 & 1 & 0 \\ 0 & 0 & 0 \end{pmatrix}$$

$\mathbf{A} = \mathbf{T}\mathbf{D}\mathbf{T}^{-1}$

$\therefore \mathbf{A}^{2n} = (\mathbf{T}\mathbf{D}\mathbf{T}^{-1})^{2n} = \mathbf{T}\mathbf{D}^{2n}\mathbf{T}^{-1}$

$$\mathbf{D}^{2n} = \begin{pmatrix} -1 & 0 & 0 \\ 0 & 1 & 0 \\ 0 & 0 & 0 \end{pmatrix}^{2n} = \begin{pmatrix} 1 & 0 & 0 \\ 0 & 1 & 0 \\ 0 & 0 & 0 \end{pmatrix}$$

$$\mathbf{A}^{2n} = \begin{pmatrix} -1 & -1 & 0 \\ 3 & 2 & 1 \\ 5 & 3 & 1 \end{pmatrix}\begin{pmatrix} 1 & 0 & 0 \\ 0 & 1 & 0 \\ 0 & 0 & 0 \end{pmatrix}\begin{pmatrix} 1 & -1 & 1 \\ -2 & 1 & -1 \\ 1 & -2 & -1 \end{pmatrix}$$

$$= \begin{pmatrix} -1 & -1 & 0 \\ 3 & 2 & 0 \\ 5 & 3 & 0 \end{pmatrix}\begin{pmatrix} 1 & -1 & 1 \\ -2 & 1 & -1 \\ 1 & -2 & -1 \end{pmatrix}$$

$$= \begin{pmatrix} 1 & 0 & 0 \\ -1 & -1 & 1 \\ -1 & -2 & 2 \end{pmatrix}$$

$$\mathbf{A}^2 = \begin{pmatrix} 3 & -2 & 2 \\ -7 & 5 & -5 \\ -11 & 8 & -8 \end{pmatrix}\begin{pmatrix} 3 & -2 & 2 \\ -7 & 5 & -5 \\ -11 & 8 & -8 \end{pmatrix}$$

$$= \begin{pmatrix} 9+14-22 & -6-10+16 & 6+10-16 \\ -21-35+55 & 14+25-40 & -14-25+40 \\ -33-56+88 & 22+40-64 & -22-40+64 \end{pmatrix}$$

$$= \begin{pmatrix} 1 & 0 & 0 \\ -1 & -1 & 1 \\ -1 & -2 & 2 \end{pmatrix} = \mathbf{A}^{2n}.$$

$\mathbf{A}^{2n+1} = \mathbf{A}^{2n} \times \mathbf{A} = \mathbf{A}^2 \times \mathbf{A} = \mathbf{A}^3$

$= (\mathbf{T}\mathbf{D}\mathbf{T}^{-1})^3 = \mathbf{T}\mathbf{D}^3\mathbf{T}^{-1}$

$$D^3 = \begin{pmatrix} -1 & 0 & 0 \\ 0 & 1 & 0 \\ 0 & 0 & 0 \end{pmatrix}^3 = \begin{pmatrix} -1 & 0 & 0 \\ 0 & 1 & 0 \\ 0 & 0 & 0 \end{pmatrix} = D$$

$\therefore \mathbf{A}^{2n+1} = \mathbf{T}\mathbf{D}\mathbf{T}^{-1} = \mathbf{A}.$

5. The matrices **A** and **I** are given by

$$\mathbf{A} = \begin{pmatrix} 1 & 1 & -2 \\ 0 & 3 & -4 \\ 0 & 2 & -3 \end{pmatrix} \quad \text{and} \quad \mathbf{I} = \begin{pmatrix} 1 & 0 & 0 \\ 0 & 1 & 0 \\ 0 & 0 & 1 \end{pmatrix}.$$

A vector space V consists of all vectors **X** such that

$$(\mathbf{A}+\mathbf{I})\mathbf{X} = \begin{pmatrix} 0 \\ 0 \\ 0 \end{pmatrix}.$$

Find a basis for V.

Find also a basis for the vector space U which consists of all vectors $\mathbf{Y}$ such that

$$(\mathbf{A}-\mathbf{I})\mathbf{Y} = \begin{pmatrix} 0 \\ 0 \\ 0 \end{pmatrix}.$$

Show that every vector of $\mathbb{R}^3$ can be written in the form $\mathbf{X}+\mathbf{Y}$, where $\mathbf{X} \in V$ and $\mathbf{Y} \in U$.

Solution 5

$$(\mathbf{A}+\mathbf{I})\mathbf{X} = 0 \Rightarrow 2x_1 + x_2 - 2x_3 = 0 \quad \ldots \text{(i)}$$

$$4x_2 - 4x_3 = 0 \quad \ldots \text{(ii)}$$

$$2x_2 - 2x_3 = 0 \quad \ldots \text{(iii)}$$

(iii) is redundant

Let $x_3 = 2k$ in (ii) $\therefore x_2 = 2k$

Sub. for $x_2 = 2k, x_3 = 2k$ in (i)

$\therefore 2x_1 + 2k - 4k = 0$

$\therefore x_1 = k$

$\therefore$ a basis for V is $\mathbf{X} = \begin{pmatrix} k \\ 2k \\ 2k \end{pmatrix}$

$\mathbf{X} = \begin{pmatrix} 1 \\ 2 \\ 2 \end{pmatrix}$ will do

$$(\mathbf{A}-\mathbf{I})\mathbf{Y} = 0 \Rightarrow y_2 - 2y_3 = 0$$

$$2y_2 - 4y_3 = 0$$

$$2y_2 - 4y_3 = 0.$$

The three equation are identical. The value of x_1 can be any value.

Let $y_3 = k$ then $y_2 = 2k$.

$\therefore \mathbf{Y} = \begin{pmatrix} a \\ 2k \\ k \end{pmatrix}$ is a basis for U.

Two independent vectors form U and $\mathbf{Y}_1 = \begin{pmatrix} 1 \\ 2 \\ 1 \end{pmatrix}$

and $\mathbf{Y}_2 = \begin{pmatrix} -1 \\ 2 \\ 1 \end{pmatrix}$ which can form a basis of U.

Now $\mathbf{X}, \mathbf{Y}_1$ and $\mathbf{Y}_2$ are 3 linearly independent vectors in $\mathbb{R}^3$

i.e. $\alpha\mathbf{X} + \beta\mathbf{Y}_1 + \gamma\mathbf{Y}_2 = 0$ only if scalars $\alpha = \beta = \gamma = 0$

$\therefore$ for some scalars α, β and $\gamma \in \mathbb{R}$ any vector form $\mathbb{R}^3$ can be written as

$\alpha\mathbf{X} + \beta\mathbf{Y}_1 + \gamma\mathbf{Y}_2$. Now $\beta\mathbf{Y}_1 + \gamma\mathbf{Y}_2$ is a $\mathbf{Y} \in U$ i.e. any vector form

$\mathbb{R}^3 = \mathbf{X} + \mathbf{Y}$ where $\mathbf{X} \in V$ and $\mathbf{Y} \in U$.

6. The vectors $\mathbf{X}_1$ and $\mathbf{X}_2$ are given by

$$\mathbf{X}_1 = \begin{pmatrix} 1 \\ 2 \\ 1 \end{pmatrix}, \quad \mathbf{X}_2 = \begin{pmatrix} 0 \\ -1 \\ -2 \end{pmatrix}.$$

The vector $\mathbf{X}_3 = \begin{pmatrix} \lambda \\ 2 \\ \mu \end{pmatrix}$, where $\lambda > 0$, is perpendicular to the vector $\mathbf{X}_1$.

The modulus of $\mathbf{X}_3$ is $\sqrt{30}$. Find λ and μ. Determine whether or not $\mathbf{X}_1, \mathbf{X}_2$ and $\mathbf{X}_3$ are linearly independent.

Given that $\mathbf{X}_i = \mathbf{A}\mathbf{Y}_i, i = 1, 2, 3$, where $\mathbf{A} = \begin{pmatrix} 1 & 0 & 1 \\ 0 & 2 & -1 \\ 3 & 1 & 4 \end{pmatrix}$, find the vectors $\mathbf{Y}_1, \mathbf{Y}_2$ and $\mathbf{Y}_3$.

Solution 6

$\mathbf{X}_1$ and $\mathbf{X}_3$ are orthogonal $\therefore X_1^T X_3 = 0$

$$\therefore \lambda + 4 + \mu = 0 \quad \ldots \text{(i)}$$

$$|\mathbf{X}_3| = \sqrt{30} \quad \therefore \lambda^2 + 4 + \mu^2 = 30$$

$$\therefore \lambda^2 + \mu^2 = 26 \quad \ldots \text{(ii)}$$

From (i) $\mu = -\lambda - 4$ sub. into (ii)

$\therefore \lambda^2 + (\lambda + 4)^2 = 26$

$\therefore 2\lambda^2 + 8\lambda + 16 = 26$

$\therefore \lambda^2 + 4\lambda - 5 = 0$

$\therefore (\lambda + 5)(\lambda - 1) = 0$

since $\lambda > 0 \quad \therefore \lambda = 1$

$\therefore$ from (i) $\mu = -5$.

Let $\mathbf{X} = (X_1\ X_2\ X_3) = \begin{pmatrix} 1 & 0 & 1 \\ 2 & -1 & 2 \\ 1 & -2 & -5 \end{pmatrix}$

$$\therefore |\mathbf{X}| = \begin{vmatrix} 1 & 0 & 1 \\ 2 & -1 & 2 \\ 1 & -2 & -5 \end{vmatrix}$$

$$= \begin{vmatrix} 1 & 0 & 0 \\ 2 & -1 & 0 \\ 1 & -2 & -6 \end{vmatrix} \text{ using Col 3 – Col 1}$$

$$= 6 \neq 0.$$

$\therefore \mathbf{X}_1, \mathbf{X}_2$ and $\mathbf{X}_3$ are linearly independent.

Consider the matrix equation

$(\mathrm{X}_1\ \mathrm{X}_2\ \mathrm{X}_3) = \mathrm{A}(\mathrm{Y}_1\ \mathrm{Y}_2\ \mathrm{Y}_3)$

$$\therefore \mathbf{X} = \mathbf{AY}$$

$$\therefore \mathbf{Y} = \mathbf{A}^{-1}\mathbf{X}$$

$$|\mathbf{A}| = \begin{vmatrix} 1 & 0 & 1 \\ 0 & 2 & -1 \\ 3 & 1 & 4 \end{vmatrix}$$

$$= \begin{vmatrix} 1 & 0 & 0 \\ 0 & 2 & -1 \\ 3 & 1 & 1 \end{vmatrix} \text{ using Col 3 – Col 1}$$

$$= 3$$

$$\text{adj } \mathbf{A} = \mathbf{A}^{*^{\mathrm{T}}} = \begin{pmatrix} 9 & 1 & -2 \\ -3 & 1 & 1 \\ -6 & -1 & 2 \end{pmatrix}$$

$$\therefore \mathbf{A}^{-1} = \frac{\text{adj } \mathbf{A}}{|\mathbf{A}|} = \frac{1}{3}\begin{pmatrix} 9 & 1 & -2 \\ -3 & 1 & 1 \\ -6 & -1 & 2 \end{pmatrix}$$

$$\therefore \mathbf{Y} = \frac{1}{3}\begin{pmatrix} 9 & 1 & -2 \\ -3 & 1 & 1 \\ -6 & -1 & 2 \end{pmatrix}\begin{pmatrix} 1 & 0 & 1 \\ 2 & -1 & 2 \\ 1 & -2 & -5 \end{pmatrix}$$

$$= \frac{1}{3}\begin{pmatrix} 9 & 3 & 21 \\ 0 & -3 & -6 \\ -6 & -3 & -18 \end{pmatrix}$$

$$\therefore \mathbf{Y} = \begin{pmatrix} 3 & 1 & 7 \\ 0 & -1 & -2 \\ -2 & -1 & -6 \end{pmatrix}$$

$$\mathbf{Y}_1 = \begin{pmatrix} 3 \\ 0 \\ -2 \end{pmatrix},$$

$$\mathbf{Y}_2 = \begin{pmatrix} 1 \\ -1 \\ -1 \end{pmatrix},$$

$$\mathbf{Y}_3 = \begin{pmatrix} 7 \\ -2 \\ -6 \end{pmatrix}.$$

7. A matrix $\mathbf{S}$ is skew-symmetric if $\mathbf{S} = -\mathbf{S}^{\mathrm{T}}$.

(a) Show that all the diagonal entries of a 3×3 skew-symmetric matrix are zero.

(b) Write down the general form of a 3×3 skew-symmetric matrix and show that if all its entries are real, then the only real eigenvalue of the matrix is zero.

(c) Find the eigenvalues of the matrix

$$\begin{pmatrix} 0 & 3\mathrm{i} & 0 \\ -3\mathrm{i} & 0 & -4\mathrm{i} \\ 0 & 4\mathrm{i} & 0 \end{pmatrix}, \text{ where } \mathrm{i}^2 = -1.$$

Find, also, the corresponding eigenvectors.

Solution 7

(a) Let $\mathbf{S} = (\mathbf{S}_{\mathrm{ij}})$ $\quad \mathbf{i} = 1, 2, 3$

$\mathbf{j} = 1, 2, 3.$

If $\mathbf{S} = -\mathbf{S}^{\mathrm{T}} \Rightarrow \mathbf{S}_{\mathrm{ij}} = -\mathbf{S}_{\mathrm{ji}}$.

In particular for diagonal elements $j = i$

$$\mathbf{S}_{\mathrm{ii}} = -\mathbf{S}_{\mathrm{ii}}$$

$$\therefore \mathbf{S}_{\mathrm{ii}} = 0 \quad \text{for } i = 1, 2, 3.$$

$\therefore$ all diagonal elements are zero.

(b) Let $\mathbf{S} = \begin{pmatrix} 0 & b & c \\ -b & 0 & d \\ -c & -d & 0 \end{pmatrix}$ where $b, c, d \in \mathbb{R}$.

Eigenvalues are given by $|\mathbf{S} - \lambda\mathbf{I}| = 0$

$$|\mathbf{S} - \lambda\mathbf{I}| = \begin{vmatrix} -\lambda & b & c \\ -b & -\lambda & d \\ -c & -d & -\lambda \end{vmatrix}$$

$$= -\lambda(\lambda^2 + d^2) - b(\lambda b + cd) + c(bd - \lambda c)$$

$$= -\lambda(\lambda^2 + d^2) - \lambda b^2 - bcd + bcd - \lambda c^2$$

$$= -\lambda(\lambda^2 + d^2 + b^2 + c^2) \ldots \otimes$$

Now $\lambda^2+b^2+c^2+d^2 > 0$ for all $\lambda, b, c, d \in \mathbb{R}$.

$\therefore |5-\lambda\mathbf{I}| = 0$ has only 1 real eigenvalue $\lambda = 0$ if $b, c, d \in \mathbb{R}$.

(c) Let $\mathbf{C} = \begin{pmatrix} 0 & 3i & 0 \\ -3i & 0 & -4i \\ 0 & 4i & 0 \end{pmatrix}$

Eigenvalues are given by $|\mathbf{C}-\lambda\mathbf{I}| = 0$

$$|\mathbf{C}-\lambda\mathbf{I}| = \begin{vmatrix} -\lambda & 3i & 0 \\ -3i & -\lambda & -4i \\ 0 & 4i & -\lambda \end{vmatrix}$$

$$= -\lambda(\lambda^2 - 4^2 - 3^2) \text{ from } \otimes$$

$$|\mathbf{C}-\lambda\mathbf{I}| = -\lambda(\lambda^2 - 25)$$

$\therefore |\mathbf{C}-\lambda\mathbf{I}| = 0 \Rightarrow \lambda = 0, \lambda = \pm 5.$

<u>For $\lambda = 0$</u> $\quad (\mathbf{C}-\lambda\mathbf{I})\mathbf{X} = 0$

$$\Rightarrow \quad 3ix_2 = 0 \quad \ldots \text{(i)}$$

$$-3ix_1 - 4ix_3 = 0 \quad \ldots \text{(ii)}$$

$$-4ix_2 = 0 \quad \ldots \text{(iii)}$$

(iii) is redundant $\equiv$ (i)

From (i) $x_2 = 0$

Let $x_3 = 3k$ in (ii) $\therefore x_1 = -4k$

$$\therefore \mathbf{X} = \begin{pmatrix} -4k \\ 0 \\ 3k \end{pmatrix}$$

$\therefore$ an eigenvector corresponding to $\lambda = 0$ is $\mathbf{X} = \begin{pmatrix} -4 \\ 0 \\ 3 \end{pmatrix}$.

<u>For $\lambda = 5$</u>

$|\mathbf{C}-\lambda\mathbf{I}|\mathbf{X} = 0$

$$\Rightarrow \quad -5x_1 + 3ix_2 = 0 \quad \ldots \text{(iv)}$$

$$-3ix_1 - 5x_2 - 4ix_3 = 0 \quad \ldots \text{(v)}$$

$$4ix_2 - 5x_3 = 0 \quad \ldots \text{(vi)}$$

$5\times$ (v) $-3i\times$ (iv) $-4i$ (vi) $= 0$

$\therefore$ (v) is redundant say.

Let $x_3 = 4ki$ in (vi) $\therefore x_2 = 5k$

$\therefore$ from (iv) $x_1 = 3ki$

$$\therefore \mathbf{X} = \begin{pmatrix} 3ki \\ 5k \\ 4ki \end{pmatrix}.$$

$\therefore$ an eigenvector corresponding to

$\lambda = 5$ is $\mathbf{X} = \begin{pmatrix} 3i \\ 5 \\ 4i \end{pmatrix}$.

<u>For $\lambda = -5$</u>

$$(\mathbf{C}-\lambda\mathbf{I})\mathbf{X} = 0 \Rightarrow \quad 5x_1 + 3ix_2 = 0$$

$$-3ix_1 + 5x_2 - 4ix_3 = 0$$

$$4ix_2 + 5x_3 = 0.$$

These equations by the same argument as for $\lambda = 5$.

Leads to an eigenvector $\mathbf{X} = \begin{pmatrix} 3i \\ -5 \\ 4i \end{pmatrix}$.

8. Given that

$$\mathbf{A}\begin{pmatrix} x_1 \\ x_2 \\ x_3 \end{pmatrix} = \begin{pmatrix} 2 \\ 0 \\ 5 \end{pmatrix},$$

where

$$\mathbf{A} = \begin{pmatrix} 2 & 1 & -1 \\ 3 & 1 & 0 \\ 1 & 0 & 2 \end{pmatrix},$$

(a) find x_1, x_2, x_3.

Given also that

$$\mathbf{BA} = \begin{pmatrix} -1 & 1 & 1 \\ 0 & -1 & -1 \\ 0 & 1 & 0 \end{pmatrix},$$

(b) find $\mathbf{B}$.

(c) Hence, or otherwise, find y_1, y_2 and y_3 so that the image of $\begin{pmatrix} y_1 \\ y_2 \\ y_3 \end{pmatrix}$ under the transformation by $\mathbf{AB}^{-1}$ is $\begin{pmatrix} 2 \\ 0 \\ 5 \end{pmatrix}$.

Solution 8

$$|\mathbf{A}| = \begin{vmatrix} 2 & 1 & -1 \\ 3 & 1 & 0 \\ 1 & 0 & 2 \end{vmatrix}$$

$$= \begin{vmatrix} 2 & 1 & -5 \\ 3 & 1 & -6 \\ 1 & 0 & 0 \end{vmatrix} \text{ using Col 3} - 2 \times \text{Col 1}$$

$$= 1(-6+5) \quad \text{expanding along Row 3}$$

$$\text{adj } \mathbf{A} = \mathbf{A}^{*^{T}} = \begin{pmatrix} 2 & -2 & 1 \\ -6 & 5 & -3 \\ -1 & 1 & -1 \end{pmatrix}$$

$$\mathbf{A}^{-1} = \frac{\text{adj } \mathbf{A}}{|\mathbf{A}|} = \begin{pmatrix} -2 & 2 & -1 \\ 6 & -5 & 3 \\ 1 & -1 & 1 \end{pmatrix}$$

(a) $\mathbf{AX} = \mathbf{Y} \quad \therefore \mathbf{X} = \mathbf{A}^{-1}\mathbf{Y}$

$$\therefore \begin{pmatrix} x_1 \\ x_2 \\ x_3 \end{pmatrix}$$

$$= \begin{pmatrix} -2 & 2 & -1 \\ 6 & -5 & 3 \\ 1 & -1 & 1 \end{pmatrix} \begin{pmatrix} 2 \\ 0 \\ 5 \end{pmatrix}$$

$$= \begin{pmatrix} -9 \\ 27 \\ 7 \end{pmatrix}$$

$\therefore x_1 = -9, x_2 = 27$ and $x_3 = 7$

(b) $\mathbf{BA} = \mathbf{C}$

$$\therefore \mathbf{B} = \mathbf{CA}^{-1}$$

$$\therefore \mathbf{B} = \begin{pmatrix} -1 & 1 & 1 \\ 0 & -1 & -1 \\ 0 & 1 & 0 \end{pmatrix} \begin{pmatrix} -2 & 2 & -1 \\ 6 & -5 & 3 \\ 1 & -1 & 1 \end{pmatrix}$$

$$= \begin{pmatrix} 9 & -8 & 5 \\ -7 & 6 & -4 \\ 6 & -5 & 3 \end{pmatrix}$$

$$\mathbf{AB}^{-1}\mathbf{Y} = \begin{pmatrix} 2 \\ 0 \\ 5 \end{pmatrix}$$

$$\therefore \mathbf{Y} = (\mathbf{AB}^{-1})^{-1} \begin{pmatrix} 2 \\ 0 \\ 5 \end{pmatrix}$$

$$= \mathbf{BA}^{-1} \begin{pmatrix} 2 \\ 0 \\ 5 \end{pmatrix}$$

$$= \mathbf{BX} \text{ from (a)}$$

$$= \begin{pmatrix} 9 & -8 & 5 \\ -7 & 6 & -4 \\ 6 & -5 & 3 \end{pmatrix} \begin{pmatrix} -9 \\ 27 \\ 7 \end{pmatrix}$$

$$\begin{pmatrix} y_1 \\ y_2 \\ y_3 \end{pmatrix} = \begin{pmatrix} -262 \\ 197 \\ -168 \end{pmatrix}$$

$\therefore y_1 = -262, \quad y_2 = 197$ and $y_3 = -168$.

9. The position vectors of the points P, Q, R relative to an origin O are respectively

$3\mathbf{i} + 6\mathbf{k}, 5\mathbf{j} + 3\mathbf{k}, \mathbf{i} + \mathbf{k}$.

Find

(a) the area of $\triangle PQR$,

(b) an equation of the plane PQR in the form $\mathbf{r}.\mathbf{n} = k$, where $k \epsilon \mathbb{R}$.

The transformation represented by the matrix $\mathbf{M}$ where

$$\mathbf{M} = \begin{pmatrix} 2 & 1 & 0 \\ 1 & -1 & 1 \\ 5 & 1 & 0 \end{pmatrix}$$

maps the point A, B, C to the points $\mathbf{P}$, $\mathbf{Q}$, $\mathbf{R}$ respectively.

(c) Find det $\mathbf{M}$ and hence, or otherwise, find the position vectors of the points A, B and C.

Solution 9

$\overrightarrow{PQ} = -3\mathbf{i} + 5\mathbf{j} - 3\mathbf{k}, \overrightarrow{QR} = \mathbf{i} - 5\mathbf{j} - 2\mathbf{k},$

$\overrightarrow{RP} = 2\mathbf{i} + 5\mathbf{k}$

(a) Area $\triangle PQR = \frac{1}{2}|\overrightarrow{PQ} \times \overrightarrow{QR}|$

$$= \frac{1}{2}\begin{vmatrix} \mathbf{i} & \mathbf{j} & \mathbf{k} \\ -3 & 5 & -3 \\ 1 & -5 & -2 \end{vmatrix}$$

$$= \frac{1}{2}|-25\mathbf{i} - 9\mathbf{j} + 10\mathbf{k}|$$

$$= \frac{1}{2}\sqrt{25^2 + 9^2 + 10^2}$$

$$= \frac{1}{2}\sqrt{806}.$$

(b) A normal to the plane PQR is

$\mathbf{n} = \overrightarrow{PQ} \times \overrightarrow{QR} = -25\mathbf{i} - 9\mathbf{j} + 10\mathbf{k}$

$\therefore$ equation of plane is $\mathbf{r}.(-25\mathbf{i} - 9\mathbf{j} + 10\mathbf{k})$
$= k\epsilon P$ where position vector is $3\mathbf{i} + 6\mathbf{k}$

$\therefore k = (3\mathbf{i} + 6\mathbf{k}).(-25\mathbf{i} - 9\mathbf{j} + 10\mathbf{k})$
$= -75 + 60 = -15$

$\therefore$ plane ABC has equation
$\mathbf{r}.(-25\mathbf{i} - 9\mathbf{j} + 10\mathbf{k}) = -15$

or $\mathbf{r}.(25\mathbf{i} + 9\mathbf{j} - 10\mathbf{k}) = 15$

(c) $$|\mathbf{M}| = \begin{vmatrix} 2 & 1 & 0 \\ 1 & -1 & 1 \\ 5 & 1 & 0 \end{vmatrix} = (-1)(2-5) = 3$$

by expanding down Col 3.

adj $\mathbf{M} = \mathbf{M}^{*^{\mathrm{T}}}$

$$\therefore \text{adj}\,\mathbf{M} = \begin{pmatrix} -1 & 0 & 1 \\ 5 & 0 & -2 \\ 6 & 3 & -3 \end{pmatrix}$$

$$\therefore \mathbf{M}^{-1} = \frac{\text{adj}\,\mathbf{M}}{|\mathbf{M}|} = \frac{1}{3}\begin{pmatrix} -1 & 0 & 1 \\ 5 & 0 & -2 \\ 6 & 3 & -3 \end{pmatrix}.$$

Let $\mathbf{X}$ be the matrix whose columns are the position vectors of A, B and C and $\mathbf{Y}$ be the matrix whose columns are the position vectors of the corresponding mapped points P, Q and R.

$\therefore \mathbf{MX} = \mathbf{Y}$

$\therefore \mathbf{X} = \mathbf{M}^{-1}\mathbf{Y}$

$\therefore X = (A\ B\ C)$

$$= \frac{1}{3}\begin{pmatrix} -1 & 0 & 1 \\ 5 & 0 & -2 \\ 6 & 3 & -3 \end{pmatrix}\begin{pmatrix} \mathbf{P} & \mathbf{Q} & \mathbf{R} \\ 3 & 0 & 1 \\ 0 & 5 & 1 \\ 6 & 3 & 0 \end{pmatrix}$$

$$\therefore X = \frac{1}{3}\begin{pmatrix} 3 & 3 & -1 \\ 3 & -6 & 5 \\ 0 & 6 & 9 \end{pmatrix}$$

$$\therefore (A \quad B \quad C) = \begin{pmatrix} 1 & 1 & -\frac{1}{3} \\ 1 & -2 & \frac{5}{3} \\ 0 & 2 & 3 \end{pmatrix}$$

$\therefore$ A has position vector $\mathbf{i} + \mathbf{j}$

B has position vector $\mathbf{i} - 2\mathbf{j} + 2\mathbf{k}$

and C has position vector $-\frac{1}{3}\mathbf{i} + \frac{5}{3}\mathbf{j} + 3\mathbf{k}$.

10. The transformation T of the Oxy plane is such that

$$T : \begin{pmatrix} x \\ y \end{pmatrix} \to \mathbf{M}\begin{pmatrix} x \\ y \end{pmatrix}, \text{ where}$$

$$\mathbf{M} = \begin{pmatrix} 2.28 & -0.96 \\ -0.96 & 1.72 \end{pmatrix}.$$

Show that each point on the line $3y = 4x$ is invariant under T.

Given that $\mathbf{S} = \begin{pmatrix} 1 & 0 \\ 0 & 3 \end{pmatrix}$ and $\mathbf{R} = \begin{pmatrix} 0.6 & 0.8 \\ -0.8 & 0.6 \end{pmatrix}$

find the matrices $\mathbf{R}^{-1}$ and $\mathbf{R}^{-1}\mathbf{S}$.

Hence verify that $\mathbf{M} = \mathbf{R}^{-1}\mathbf{SR}$.

State the geometrical transformations represented by $\mathbf{S}$ and $\mathbf{R}$.

Find an equation of a line l which passes through the origin and is such that the transformation T maps any point of l, other than the origin, to some different point of l.

Solution 10

$3y = 4x \quad \therefore y = \frac{4}{3}x$

$$\therefore \mathbf{M}\begin{pmatrix} x \\ y \end{pmatrix} = \begin{pmatrix} 2.28 & -0.96 \\ -0.96 & 1.72 \end{pmatrix}\begin{pmatrix} x \\ \frac{4}{3}x \end{pmatrix}$$

$$= \begin{pmatrix} (2.28 - 1.28)x \\ (-0.96 + 2.293)x \end{pmatrix}$$

$$= \begin{pmatrix} x \\ 1.3x \end{pmatrix} = \begin{pmatrix} x \\ \frac{4}{3}x \end{pmatrix}$$

$\therefore$ each point on $3y = 4x$ is invariant under T.

$|\mathbf{R}| = 1$.

$$\therefore \mathbf{R}^{-1} = \text{adj } \mathbf{R} = \begin{pmatrix} 0.6 & -0.8 \\ 0.8 & 0.6 \end{pmatrix}$$

$$\mathbf{R}^{-1}\mathbf{S} = \begin{pmatrix} 0.6 & -0.8 \\ 0.8 & 0.6 \end{pmatrix}\begin{pmatrix} 1 & 0 \\ 0 & 3 \end{pmatrix}$$

$$= \begin{pmatrix} 0.6 & -2.4 \\ 0.8 & 1.8 \end{pmatrix}$$

$$\therefore = \begin{pmatrix} 1.6 & -2.4 \\ 0.8 & 1.8 \end{pmatrix}\begin{pmatrix} 0.6 & 0.8 \\ -0.8 & 0.6 \end{pmatrix}$$

$$= \begin{pmatrix} 2.28 & -0.96 \\ -0.96 & 1.72 \end{pmatrix} = \mathbf{M}.$$

S represents a one way stretch, by a factor 3, parallel to the y-axis.

$$\text{Consider } \mathbf{R}\begin{pmatrix} 1 \\ 0 \end{pmatrix} = \begin{pmatrix} 0.6 & 0.8 \\ -0.8 & 0.6 \end{pmatrix}\begin{pmatrix} 1 \\ 0 \end{pmatrix}$$

$$= \begin{pmatrix} 0.6 \\ -0.8 \end{pmatrix}$$

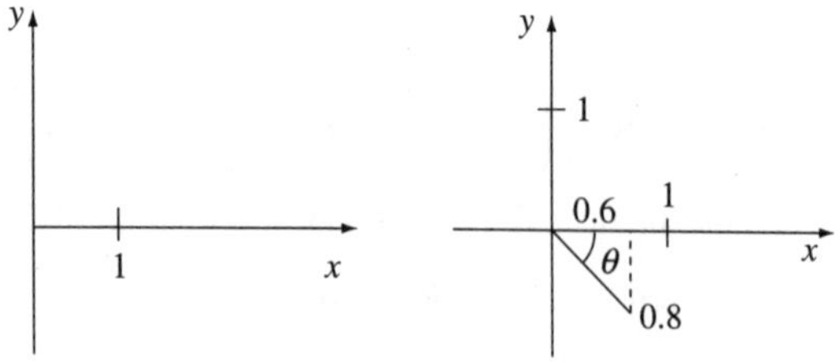

Fig. 9-M/1

R represents a rotation clockwise through an angle $\theta = \tan^{-1}\left(\frac{4}{3}\right)$ about 0 as centre.

Consider line $y = mx$ then

$$\mathbf{M}\begin{pmatrix} x \\ y \end{pmatrix} = \begin{pmatrix} 2.28 & -0.96 \\ -0.96 & 1.72 \end{pmatrix}\begin{pmatrix} x \\ mx \end{pmatrix}$$

$$= \begin{pmatrix} (2.28 - 0.96m)x \\ (-0.96 + 1.72m)x \end{pmatrix}.$$

Required that $\dfrac{-0.96 + 1.72m}{2.28 - 0.96m} = m$

where $m \neq \dfrac{4}{3}$

$$\therefore -0.96 + 1.72m = 2.28m - 0.96m^2$$

$$\therefore 0.96m^2 - 0.56m - 0.96 = 0$$

$$\therefore 12m^2 - 7m - 12 = 0$$

$$(3m - 4)(4m + 3) = 0$$

$\therefore m = \dfrac{4}{3}$ not acceptable and $m = -\dfrac{3}{4}$

$\therefore$ required line l is $y = -\dfrac{3}{4}x$ or $4y + 3x = 0$.

11. $\mathbf{M} = \begin{pmatrix} 1 & 0 & 0 \\ x & 2 & 0 \\ 3 & 1 & 1 \end{pmatrix}$.

Find $\mathbf{M}^{-1}$ in terms of x.

Solution 11

$$|\mathbf{M}| = \begin{vmatrix} 1 & 0 & 0 \\ x & 2 & 0 \\ 3 & 1 & 1 \end{vmatrix} = 2$$

$$\text{adj } \mathbf{M} = \mathbf{M}^{*^{\mathrm{T}}} = \begin{pmatrix} 2 & 0 & 0 \\ -x & 1 & 0 \\ x - 6 & -1 & 2 \end{pmatrix}$$

$$\mathbf{M}^{-1} = \frac{\text{adj } \mathbf{M}}{|\mathbf{M}|} = \frac{1}{2}\begin{pmatrix} 2 & 0 & 0 \\ -x & 1 & 0 \\ x - 6 & -1 & 2 \end{pmatrix}$$

$$= \begin{pmatrix} 1 & 0 & 0 \\ -\frac{x}{2} & \frac{1}{2} & 0 \\ \frac{x-6}{2} & -\frac{1}{2} & 1 \end{pmatrix}.$$

12. Find the eigenvalues of the matrix **A** where

$$\mathbf{A} = \begin{pmatrix} 4 & -2 & 0 \\ -2 & 0 & -2 \\ 0 & -2 & 1 \end{pmatrix}.$$

Given that the matrix **P** is such that $\mathbf{P}^{-1}\mathbf{AP}$ is a diagonal matrix **B**, write down a possible form for **B**.

9. Determinants and Matrices

Index

A
Addition of matrices 17
adj $\mathbf{A} = \mathbf{A}^{*T}$ Adjoint Matrix 23
Adjoint of a square matrix 23
Applications of matrices 30
Associative laws of addition of matrices 18
Augmented matrix 57
$\mathbf{A}^*$ Matrix of cofactors 23
$\mathbf{A}^{-1}$ reciprocal or inverse matrix 23

C
Characteristic equation of matrix 35, 39
Characteristic polynomial 39
Characteristic Roots 39
Cholesky Method 58
Cofactors 23
Column Matrix 19
Complex Eigenvalues 40–1
Complex Eigenvectors 40–1
Commutative 21
Cramer's rule 2

D
Decomposition of a matrix
 (LU method) 59
Determinants
 definition 1
 expansion 6–9
 expansion along first row and column 6–9
Determinants
 along a row (column multiplication by scalar) 9
 second order 1
 of singular matrix 26
 of third order 6
Diagonal
 element of a square matrix 18

E
Echelon matrix 56–7
Eigenvalues 35–41
Eigenvectors 35–41
Elementary matrices
 transformations 45–55
Enlargement 53

F
Factorisation into elementary
 matrices 8–10

I
Invarient vector 39
Inverse of a matrix 23
 matrix by reduction 53

L
Latent roots 39
Leading diagonal 56
Linear dependence (independence
 of matrices Miscellaneous)
 independent 17
Lower triangular matrix 19, 58

M
Matrices
 cofactors $\mathbf{A}^*$ 23
 definition 16
 difference 17
 echelon 56
 elementary row
 (Column) 18–19
 geometric representation 17
 null 19
 product 20–3
 row 19
 scalar multiple 20
 square 19
 singular 26
 sum 17
 transpose 19
 unit 19
 zero 19
Minors 22
Multiple of a matrix 19

N
Normalised eigenvectors
Null matrix 19

O
orthogonal matrix 42

P
Product of matrices 20–3

R
Rectangular matrix 19
Reciprocal matrix 23
Reduction 52
Reflection 45–55
Rotations 47–8
Rotations of two and three
 dimensional position vectors 47–8
Row matrix 19

S
Sarrus rule 13
Simultaneous equations 60
Singular matrix 26
Skew-symmetric (Misc.)
Special property of unit matrix 22
Square matrix 18
Stretch or shear 52
Submultiple of a matrix 20
Sum of matrices 17
Summary of Eigenvalues
 and Eigenvectors 41
Symmetric matrix (Misc.)
 invariant vectors (Misc.)

T
tr **A** the trace of a matrix 20
Trace
 determinants 12
 of a diagonal matrix 19
Transformations 45
 linear 49
 three dimensional 54
 with a singular matrix 52
 Transpose of a matrix 19
 Triangular matrix
  lower 58
  upper 58

U
Unit 19, 22
Upper triangular matrix 19, 58

V
Vector(s) 16–17
 invariant 39

Z
Zero matrix 19